もくじと学習の記録

JN078513

本書に関する最新情報は，当社ホームページにある**本書**の「**サポート情報**」をご覧ください。（開設していない場合もございます。）

1 約 数

1 次の問いに答えなさい。

(1) 56 の約数は，全部で何個ありますか。

( )

(2) 84 の約数をすべてたすと，いくつになりますか。

( )

(3) 36 と 90 の公約数は，全部で何個ありますか。

( )

(4) 48 と 60 の公約数をすべてたすと，いくつになりますか。

( )

2 次の( )の中の数の最大公約数を求めなさい。

(1) (12, 20)　　　　(2) (18, 30)　　　　(3) (54, 72, 90)

( )　( )　( )

3 2 以上の整数で，1 とその数のほかに約数がない数を素数といいます。次の数を，12＝2×2×3 というように，素数の積で表しなさい。

(1) 315　　　　　　　　　　　(2) 2002

( )　( )

4 2つの整数があります。和は 20，積は 64 になります。2つの整数は ア と イ です。

ア（　　　　　　　）イ（　　　　　　　）

5 ある整数で 100 をわると余りが 12 になりました。ある整数として考えられるものをすべて答えなさい。

（　　　　　　　）

6 ある整数で 58 をわると 3 余り，42 をわると 2 余ります。このときある整数は何ですか。　　　　　　　　　　　　　　　　　　　　　　　〔甲南女子中〕

（　　　　　　　）

7 次の問いに答えなさい。　　　　　　　　　　　　　　　　　　〔桃山学院中〕

(1) たて 35 cm，横 a cm である長方形の花だんに，1 辺が 5 cm の正方形のタイルをすき間なくならべたところ 63 まいのタイルが必要でした。a の値を求めなさい。

（　　　　　　　）

(2) たて 324 cm，横 204 cm である長方形の花だんにすき間なくならべることができる正方形のタイルのうち，最も大きいものの，1 辺の長さは何 cm ですか。

（　　　　　　　）

記述式
8 80 の約数の個数 10 は，16 の約数の個数 5 の 2 倍になります。80＝16×5 であることを使って，その理由を説明しなさい。

（　　　　　　　　　　　　　　　　　　　　　　　　　）

1　約　数　

1 約数がちょうど3個ある整数のうち，小さい方から8番目の整数を答えなさい。

(10点) 〔立教新座中〕

（　　　　　　　）

2 ある2けたの2つの整数をかけると1260になり，最大公約数は6です。この2つの整数を求めなさい。(10点)

〔東邦大付属東邦中〕

（　　　　　　）（　　　　　　）

3 りんごが32個，みかんが115個あります。何人かの子どもにそれぞれ同じ数ずつ分けると，みかんだけが3個余りました。子どもは何人いますか。考えられる人数をすべて答えなさい。(10点)

（　　　　　　　）

4 たて24m，横32mの長方形の土地のまわりに木を植えます。ただし，4すみには必ず植えること，そして，木と木の間かくはどこも等しく，さらにその間かくをできるだけ長くなるようにします。木は，全部で何本必要ですか。(10点)

（　　　　　　　）

5 71，113，134をわると余りがどれも8になるような整数を求めなさい。(10点)

（　　　　　　　）

6 大，中，小の３種類の箱がいくつかあります。どの大の箱にも，中の箱が同じ数ずつはいっていて，どの中の箱にも，小の箱が同じ数ずつはいっています。どの中の箱も大の箱にはいっていて，どの小の箱も中の箱にはいっています。小の箱は 360 個あり，箱は全部で 424 個あります。大の箱と中の箱はそれぞれいくつありますか。(10点)　　　　　　　　　　　　　　　　　　〔親和中〕

大の箱 (　　　　　　　　　)　　中の箱 (　　　　　　　　　)

7 ３つの整数 A，B，C があります。A と B をかけると 52，B と C をかけると 221，C と A をかけると 68 になります。３つの整数 A，B，C はそれぞれいくつになりますか。(10点)　　　　　　　　　　　　　　〔清風中〕

A (　　　　　　　)　B (　　　　　　　)　C (　　　　　　　)

8 自然数 A を，５つの数 1，2，3，4，5 のそれぞれでわったとき，わり切れない数の個数を【A】と表すことにします。例えば，自然数 18 は 18÷1＝18，18÷2＝9，18÷3＝6，18÷4＝4 余り 2，18÷5＝3 余り 3 となり，1，2，3 ではわり切れ，4，5 ではわり切れないから【18】＝2 となります。

(30点／1つ10点)〔江戸川女子中〕

(1) 【30】を求めなさい。

(　　　　　　　　　)

(2) 【A】＝1 となる 20 以下の自然数 A をすべて求めなさい。

(　　　　　　　　　)

(3) 【A】＝1 となる 100 以下の自然数 A はいくつあるか求めなさい。

(　　　　　　　　　)

2 倍 数

 標 準 ク ラ ス

1 3けたの整数について，次の数は何個ありますか。

(1) 6の倍数　　　　(2) 9の倍数　　　　(3) 6と9の公倍数

(　　　　　) (　　　　　) (　　　　　)

2 4けたの整数896□が次のような倍数になるとき，□にあてはまる数をすべて求めなさい。

(1) 2の倍数　　　　(2) 3の倍数　　　　(3) 4の倍数

(　　　　　) (　　　　　) (　　　　　)

(4) 5の倍数　　　　(5) 9の倍数　　　　(6) 12の倍数

(　　　　　) (　　　　　) (　　　　　)

3 次の各組の数の最小公倍数を求めなさい。

(1) (18, 24)　　　　(2) (30, 75)　　　　(3) (10, 12, 15)

(　　　　　) (　　　　　) (　　　　　)

4 6と8の公倍数の中で，100に最も近い数を求めなさい。

(　　　　　)

5 4 でわっても，6 でわっても，1 余る整数のうち，100 に最も近い整数を求めなさい。

( )

6 100 から 200 までの整数のうち，14 でわると 12 余り，21 でわると 5 余る整数の和はいくつですか。

( )

7 箱の中にはいっているたまごの個数について，太郎さんと花子さんが次のような話をしました。2 人の会話から，たまごの個数を求めなさい。
太郎「50 個より少ないよ。」
花子「同じ数ずつ 12 人で分けても 16 人で分けても，余りなく分けられるわ。」

〔滋賀大附中〕

( )

8 たてが 15 cm，横が 18 cm のタイルをすき間なくならべて，最も小さな正方形をつくります。このとき，必要なタイルのまい数は何まいですか。

( )

9 ある駅で，電車は 8 分ごとに，バスは 12 分ごとに発車します。午前 8 時に両方が同時に発車しました。

(1) 次に，電車とバスが同時に発車する時こくは何時何分ですか。

( )

(2) 午前 8 時から正午までには，何回同時に発車しますか。

( )

2　倍 数　　ハイクラス

1 百の位の数が 2 である 5 けたの整数があります。その中で，5 でも 7 でもわり切れる最も小さいものを求めなさい。(10 点)　〔筑波大附中〕

（　　　　　）

2 たて 8 cm，横 6 cm の長方形を同じ方向に，すき間なくならべて大きな正方形をつくりました。このとき，たてにならぶまい数と横にならぶまい数の差は 16 まいでした。このとき，この大きな正方形の 1 辺の長さは何 cm ですか。
(10 点)〔西大和学園中〕

（　　　　　）

3 ある港から出る定期航路の客船が 3 せきあります。A 船は 8 日ごとに，B 船は 10 日ごとに，C 船は 16 日ごとに出港します。4 月 1 日にこの 3 せきが出港したとすると，次にこの 3 せきが同じ日に出港するのは，何月何日ですか。
(10 点)〔共立女子中〕

（　　　　　）

4 次の 3 つのヒントから，最も少ない年れいを求めなさい。(10 点)
(ヒント 1)年れいを 3 でわると，2 余る。
(ヒント 2)年れいを 5 でわると，4 余る。
(ヒント 3)年れいを 7 でわると，1 余る。
〔東京学芸大附属小金井中〕

（　　　　　）

5 1 から 100 までの整数の積 1×2×3×……×100 は，3 で何回わりきれますか。
(10 点)〔立教新座中〕

（　　　　　）

6 １からある数までの整数の中から３の倍数と５の倍数を取りのぞいて，残った整数を１，２，４，７，……とならべます。(20点/1つ10点)

(1) １から1000までの整数にこの作業を行ったとき，何個の整数が残りますか。

（　　　　　　　）

(2) １からある数までにこの作業を行ったとき，残った整数のうち，1000番目に小さい整数を答えなさい。

（　　　　　　　）

7 運動場の直線コースで，スタートラインからゴールラインまで６ｍごとに赤旗を立てていき，８ｍごとに白旗を立てていきました。その結果，スタートライン，ゴールラインには，赤白両方の旗が立っており，全体では赤旗が白旗より５本多く立っていました。(20点/1つ10点)　　　　　　　　　　　　　　　　〔青雲中〕

(1) このコースは何ｍありますか。

（　　　　　　　）

(2) 両方の旗が立っているのは何か所ですか。

（　　　　　　　）

8 赤と青の電球があり，スイッチを入れると同時につきます。赤の電球は２秒間ついて１秒間消えることをくり返し，青の電球は３秒間ついて２秒間消えることをくり返します。スイッチを入れてから48秒間で，両方の電球が同時についている時間は全部で何秒間ですか。(10点)　　　　　　〔普連土学園中〕

（　　　　　　　）

3 分数の性質

 標準クラス

1 次の分数を約分しなさい。

(1) $\dfrac{56}{84}$　　　　(2) $\dfrac{72}{54}$　　　　(3) $\dfrac{34}{85}$

(4) $\dfrac{70}{105}$　　　(5) $\dfrac{60}{144}$　　　(6) $\dfrac{168}{200}$

2 右の図は，分数の大きさ比べをして，大きい分数が上に進んでいくようすをかいたものです。㋐〜㋒にはいる分数を答えなさい。

〔京都教育大附属桃山中〕

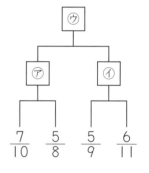

㋐ （　　　　） ㋑ （　　　　） ㋒ （　　　　）

3 次の分数と同じ大きさの分数を，ア〜コの中からすべて選びなさい。

(1) $\dfrac{3}{4}$　　(2) $\dfrac{6}{9}$　　(3) $1\dfrac{1}{2}$　　(4) $\dfrac{7}{6}$

ア $1\dfrac{2}{12}$	イ $\dfrac{2}{3}$	ウ $\dfrac{9}{6}$	エ $\dfrac{27}{36}$	オ $\dfrac{18}{24}$
カ $2\dfrac{2}{4}$	キ $\dfrac{14}{18}$	ク $\dfrac{8}{12}$	ケ $1\dfrac{6}{12}$	コ $\dfrac{15}{8}$

(1) （　　　　） (2) （　　　　） (3) （　　　　） (4) （　　　　）

4 分母が 15 の分数のうち，$\dfrac{3}{4}$ に最も近い分数を求めなさい。

（　　　　）

5 数直線で，1と3のちょうど真ん中にある数は2です。$\frac{1}{3}$と$\frac{1}{5}$のちょうど真ん中にある数を答えなさい。 〔滋賀大附中〕

(　　　　　)

6 $\frac{1}{12}$と$\frac{17}{24}$の間にあって，約分すると分母が48である分数の中で3番目に小さいものの分子はいくつですか。 〔佼成学園中〕

(　　　　　)

7 $\frac{1}{\square}$＜0.12の□にあてはまる最も小さい整数を答えなさい。

(　　　　　)

8 $\frac{1}{11}$を小数で表すと，$\frac{1}{11}$＝0.090909……のように，数がいつまでも続きます。$\frac{1}{2}$，$\frac{1}{3}$，$\frac{1}{4}$，……，$\frac{1}{20}$をそれぞれ小数で表すとき，数がいつまでも続かないものはいくつありますか。

(　　　　　)

9 $\frac{2}{7}$を小数で表したとき，小数第85位の数を求めなさい。 〔江戸川学園取手中〕

(　　　　　)

10 約分できない分数では，分母と分子の少なくとも一方は奇数になります。その理由を説明しなさい。

(　　　　　)

3 分数の性質  ハイクラス

1 分数 $\dfrac{4}{5}$ と同じ大きさを表している数や式をア〜オの中からすべて選びなさい。

(8点)〔愛知教育大附属名古屋中〕

ア 4÷5　　イ 5÷4　　ウ $\dfrac{52}{65}$　　エ 0.8　　オ 1.25

（　　　　　　）

2 次の各組の数のうち最も大きい数と最も小さい数をそれぞれ答えなさい。

(1) $\left(1.35,\ \dfrac{20}{15},\ \dfrac{30}{22},\ 1\dfrac{1}{5},\ 1.4\right)$ (8点 / 1つ4点)

最も大きい数（　　　　　）　最も小さい数（　　　　　）

(2) $\left(3,\ \dfrac{3}{5},\ 0.8,\ \dfrac{2}{3},\ 2.2,\ 2\dfrac{1}{4}\right)$ (8点 / 1つ4点)　　　　　〔土佐女子中〕

最も大きい数（　　　　　）　最も小さい数（　　　　　）

3 さいころを2つふって，出た目の大きいほうを分母，小さいほうを分子とする分数をつくります。同じ目が出たらやり直します。このときできる分数の中で，等しい分数になるものをすべて答えなさい。(10点)　　　　　〔柳学園中〕

（　　　　　）（　　　　　）（　　　　　）

4 $\dfrac{4}{7}$ の分母と分子に同じ数を加えて約分すると $\dfrac{3}{4}$ になります。分母と分子にいくつを加えましたか。(10点)　　　　　〔愛知教育大附属名古屋中〕

（　　　　　）

5 ある分数を約分したところ $\frac{11}{17}$ となりました。もとの分数の分母と分子の差は48でした。もとの分数を求めなさい。(10点) 〔調布中〕

(　　　　　)

6 以下の条件(じょうけん)をすべて満たす整数㋐について考えます。 〔浅野中〕

[条件 1] $\frac{8}{5} < \frac{㋐}{12} < \frac{63}{10}$ 　[条件 2] $\frac{㋐}{12}$ はこれ以上約分できない。

(1) このような整数㋐の中で，最も小さいものと，最も大きいものを求めなさい。(8点/1つ4点)

最も小さいもの(　　　)　最も大きいもの(　　　)

(2) このような整数㋐は全部で何個(こ)ありますか。(8点)

(　　　　　)

7 $\frac{△}{□}$ の□と△に2，3，7，8を1つずつ入れて分数をつくります。ただし，△と□に同じ数を入れてはいけません。(30点/1つ10点)

(1) 数がいつまでも続かない小数で表せる分数は何ですか。

(　　　　　)

(2) 整数で表せる分数は何ですか。

(　　　　　)

(3) 整数でも数がいつまでも続かない小数でも表せない分数は何ですか。

(　　　　　)

4 分数のたし算とひき算

標 準 クラス

1 次の計算をしなさい。

(1) $\dfrac{1}{4}+\dfrac{3}{7}$

(2) $\dfrac{1}{6}+\dfrac{7}{10}$

(3) $\dfrac{4}{5}+\dfrac{1}{4}$

(4) $\dfrac{3}{4}+\dfrac{5}{12}$

(5) $1\dfrac{2}{3}+3\dfrac{5}{6}$

(6) $\dfrac{3}{7}-\dfrac{2}{9}$

(7) $\dfrac{3}{5}-\dfrac{1}{10}$

(8) $1\dfrac{1}{9}-\dfrac{3}{5}$

(9) $5\dfrac{3}{11}-3\dfrac{17}{22}$

2 次の計算をしなさい。

(1) $\dfrac{2}{3}+\dfrac{4}{5}+\dfrac{5}{9}$

(2) $1\dfrac{5}{6}+\dfrac{9}{8}+\dfrac{5}{3}$

(3) $\dfrac{3}{2}-\dfrac{1}{3}-\dfrac{1}{4}$

(4) $2\dfrac{7}{12}-\dfrac{8}{15}-\dfrac{3}{10}$

(5) $2\dfrac{2}{3}-1\dfrac{5}{6}+2\dfrac{1}{2}$　　〔昭和学院中〕

(6) $2\dfrac{1}{3}+\dfrac{2}{5}-1\dfrac{5}{6}$　　〔桐朋中〕

(7) $\dfrac{3}{8}+\dfrac{5}{9}+\dfrac{7}{12}+\dfrac{11}{18}$

(8) $1\dfrac{4}{9}-\dfrac{11}{12}-\dfrac{7}{24}+\dfrac{5}{36}$

3 次の計算をしなさい。

(1) $\dfrac{1}{1\times2}+\dfrac{1}{2\times3}+\dfrac{1}{3\times4}+\left(\dfrac{1}{4}-\dfrac{1}{5}\right)$

(2) $\dfrac{2}{1\times3}+\dfrac{2}{3\times5}+\dfrac{2}{5\times7}+\left(\dfrac{1}{7}-\dfrac{1}{9}\right)$

4 $2\dfrac{3}{5}$ kg のすなと $\dfrac{3}{4}$ kg のすなを合わせると，何 kg になりますか。

(　　　　　　)

5 はなさんは，家から学校まで行くのに，はじめにバスで $1\dfrac{3}{4}$ km 移動し，次に電車で移動し，その後学校まで $\dfrac{1}{5}$ km 歩きます。家から学校まで $7\dfrac{1}{3}$ km あるとき，電車で移動するのは何 km ですか。

(　　　　　　)

6 分母が 36 の分数の中で，1 より小さく，約分できない分数をすべてたすと，その和はいくつですか。　　　　〔青山学院中〕

(　　　　　　)

7 次の ア，イ にあてはまる整数を求めなさい。　　〔フェリス女学院中〕

$\dfrac{1}{101}+\dfrac{1}{\boxed{ア}}=\dfrac{1}{\boxed{イ}}$

ア (　　　　　) イ (　　　　　)

4 分数の たし算と ひき算

時間 30分　合格 80点　得点　点

1 次の計算をしなさい。(32点 / 1つ4点)

(1) $\dfrac{1}{81} + \dfrac{1}{108} + \dfrac{1}{162}$

(2) $\dfrac{1}{144} + \dfrac{1}{192} + \dfrac{1}{288}$　〔立教女学院中〕

(3) $1.75 + 1\dfrac{4}{5} - 1\dfrac{3}{20}$

(4) $\dfrac{5}{6} - \left(\dfrac{7}{8} - \dfrac{3}{4}\right)$　〔高知大附中〕

(5) $\left(2\dfrac{4}{5} - 1\dfrac{8}{9}\right) + \left(7\dfrac{8}{9} + 1.2\right)$

(6) $\dfrac{1}{5} + \dfrac{1}{7} + \dfrac{1}{12} + \dfrac{1}{20} + \dfrac{1}{42}$

(7) $\dfrac{1}{2} + \dfrac{1}{4} + \dfrac{1}{8} + \dfrac{1}{16} + \dfrac{1}{32} + \dfrac{1}{64}$

(8) $1 - \dfrac{1}{2} + \dfrac{1}{4} - \dfrac{1}{8} + \dfrac{1}{16} - \dfrac{1}{32}$　〔桐光学園中〕

2 次の□にあてはまる数を求めなさい。(12点 / 1つ4点)

(1) $\dfrac{\square}{6} + \dfrac{2}{15} = \dfrac{3}{10}$

(　　　　)

(2) $\square\dfrac{11}{12} - \dfrac{5}{4} = 2\dfrac{2}{3}$

(　　　　)

(3) $\dfrac{37}{\square} - \dfrac{3}{4} = 2\dfrac{1}{3}$

(　　　　)

3 次の計算をしなさい。(8点)

$$\frac{3}{1\times4}+\frac{5}{4\times9}+\frac{7}{9\times16}+\frac{9}{16\times25}$$

4 $\frac{1}{2}+\frac{2}{3}+\frac{3}{4}+\frac{4}{5}+\frac{5}{6}+\frac{6}{7}+\frac{7}{8}+\frac{8}{9}$ は $\frac{1}{2}+\frac{1}{3}+\frac{1}{4}+\frac{1}{5}+\frac{1}{6}+\frac{1}{7}+\frac{1}{8}+\frac{1}{9}$ の値が

わかれば計算することができます。その理由を説明しなさい。(12点)

$$\left(\right)$$

5 次の問いに答えなさい。(16点 / 1つ8点) 〔海城中一改〕

(1) 12 の約数の，それぞれの逆数の和を求めなさい。

$$()$$

(2) ある数 X の約数の和を求めたら 6552 でした。

また，X の約数の，それぞれの逆数の和を求めたら $3\frac{1}{4}$ でした。X を求めなさい。

$$()$$

6 $\frac{1}{18}=\frac{1}{a}+\frac{1}{b}$ を満たす，1 以上 100 以下の 2 つのことなる整数の組 $(a,\ b)$ を

4 つ答えなさい。ただし a は b より小さい数とします。(12点 / 1つ3点) 〔駒場東邦中〕

$$()()()()$$

7 $\frac{1}{\square}+\frac{1}{\square}+\frac{1}{\square}=\frac{31}{30}$ の□にあてはまる整数を入れて，式を完成させなさい。た

だし，□にはいる数はすべてことなるものとします。(8点) 〔京都女子中〕

$$()$$

5 分数のかけ算

標準クラス

---

1 次の計算をしなさい。

(1) $\dfrac{11}{45} \times 36$

(2) $\dfrac{35}{72} \times 54$

(3) $1\dfrac{17}{63} \times 81$

(4) $1\dfrac{12}{13} \times 52$

(5) $\dfrac{25}{84} \times \dfrac{42}{55}$

(6) $\dfrac{39}{64} \times \dfrac{16}{91}$

(7) $\dfrac{45}{56} \times 1\dfrac{13}{35}$

(8) $\dfrac{31}{50} \times 3\dfrac{9}{31}$

(9) $4\dfrac{4}{9} \times 5\dfrac{1}{16}$

(10) $2\dfrac{14}{23} \times 6\dfrac{4}{5}$

2 次の計算をしなさい。

(1) $\left(\dfrac{3}{4} + \dfrac{2}{3}\right) \times 12$

(2) $\left(\dfrac{1}{2} + \dfrac{1}{3}\right) \times 24$

(3) $\left(\dfrac{5}{9} - \dfrac{5}{12}\right) \times 36$

(4) $\left(\dfrac{15}{7} - \dfrac{2}{3}\right) \times 18$

3 次の□にあてはまる数を求めなさい。

(1) $\square - 3 \times \dfrac{3}{4} = \dfrac{3}{4}$

(2) $\square \div 4 + \dfrac{1}{3} = \dfrac{4}{5} \times \dfrac{1}{2}$

（　　　　　　　）　　　　　　　　　　（　　　　　　　）

4 次の数にかけると答えがすべて整数になる整数のうち，最も小さいものを答えなさい。

$\dfrac{5}{12}$，　$1\dfrac{11}{15}$，　$2\dfrac{11}{18}$

（　　　　　　　）

5 ゆう子さんたちは，1人に $1\dfrac{1}{4}$ dL ずつ，6人でジュースを分けました。ジュースは，はじめに $9\dfrac{2}{3}$ dL ありました。ジュースは，あと何dL 残っていますか。

（　　　　　　　）

6 北町の人口は南町の $\dfrac{4}{5}$ 倍で，中町の人口は南町の人口の3倍です。中町の人口が6000人のとき，北町の人口は何人ですか。

（　　　　　　　）

7 A小学校の4年生の児童数は3年生の児童数の $\dfrac{7}{8}$ 倍より6人多く，5年生の児童数は4年生の児童数の $1\dfrac{1}{9}$ 倍であるといいます。3年生の児童数が96人のとき，5年生の児童数を求めなさい。

（　　　　　　　）

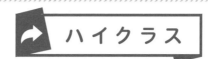
5 分数のかけ算 ➡ **ハイクラス**

---

1 次の計算をしなさい。(32点 / 1つ4点)

(1) $\dfrac{1}{36} \times 4 \times 15$

(2) $1\dfrac{1}{20} \times 8 \times 25$

(3) $\dfrac{7}{16} \times \dfrac{12}{35} \times 20$

(4) $\dfrac{2}{11} \times 2\dfrac{17}{30} \times 24$

(5) $\dfrac{1}{3} \times \dfrac{2}{5} \times \dfrac{4}{7}$

(6) $\dfrac{3}{4} \times \dfrac{2}{9} \times 1\dfrac{1}{5}$

(7) $\dfrac{2}{3} \times 1\dfrac{1}{7} \times 3\dfrac{1}{5}$

(8) $1\dfrac{1}{2} \times 1\dfrac{1}{3} \times 1\dfrac{1}{4}$

---

2 次の計算をしなさい。(20点 / 1つ4点)

(1) $\left(\dfrac{1}{4} + 1\dfrac{2}{5}\right) \times \dfrac{2}{5}$

(2) $\left(4\dfrac{1}{2} + 1\dfrac{1}{3}\right) \times 2\dfrac{3}{7}$

(3) $\left(1\dfrac{5}{12} - \dfrac{2}{3}\right) \times \dfrac{8}{9}$

(4) $\left(2\dfrac{1}{6} - 1\dfrac{3}{4}\right) \times 2\dfrac{2}{5}$

(5) $\left(2\dfrac{2}{3} + 5.5\right) \times 1\dfrac{1}{7}$

3 3, 4, 5 の 3 つの数を使って, 次の計算を考えます。

$$\frac{\boxed{イ}}{\boxed{ア}} \times \boxed{ウ}$$

(1) 答えが最も大きくなるのは, それぞれどんな数を入れたときですか。(9点)

ア (　　　　　) イ (　　　　　) ウ (　　　　　)

(2) 答えが最も小さくなるのは, それぞれどんな数を入れたときですか。(9点)

ア (　　　　　) イ (　　　　　) ウ (　　　　　)

4 $4\frac{3}{8}$ と $4\frac{7}{12}$ のどちらの分数にかけても, その積が整数となる分数の中で, 最も小さい分数は □ です。(10点)　　　　　　〔桐光学園中〕

(　　　　　　　　　)

5 正方形の土地のまわりに 1 辺の長さが $12\frac{3}{4}$ cm の正方形のブロックをすき間なくならべると, 160 個のブロックで土地をぴったりと囲み, 花だんを作ることができました。(20点/1つ10点)

(1) 花だんの 1 辺の長さは何 cm ですか。

花だん

土地

(　　　　　　)

花だんの1辺

(2) 花だんの面積は何 cm² ですか。

(　　　　　　)

6 分数のわり算

標準クラス

1 次の計算をしなさい。

(1) $\dfrac{45}{49} \div 15$

(2) $\dfrac{60}{77} \div 24$

(3) $1\dfrac{5}{28} \div 22$

(4) $3\dfrac{4}{15} \div 42$

(5) $\dfrac{25}{36} \div \dfrac{55}{72}$

(6) $\dfrac{21}{64} \div \dfrac{1}{32}$

(7) $1\dfrac{23}{27} \div \dfrac{14}{81}$

(8) $\dfrac{84}{91} \div 2\dfrac{11}{26}$

(9) $1\dfrac{19}{39} \div 1\dfrac{35}{52}$

(10) $4\dfrac{6}{13} \div 1\dfrac{3}{26}$

2 次の計算をしなさい。

(1) $\left(\dfrac{3}{8} + \dfrac{1}{2}\right) \div 2$

(2) $\left(\dfrac{4}{5} + \dfrac{2}{7}\right) \div 6$

(3) $\left(\dfrac{1}{3} - \dfrac{1}{5}\right) \div 4$

(4) $\left(\dfrac{3}{4} - \dfrac{3}{5}\right) \div 15$

3 次の□にあてはまる数を求めなさい。

(1) $\square - \dfrac{3}{4} \div 3 = 3\dfrac{3}{4}$

(2) $\square \times 4 - \dfrac{2}{5} = \dfrac{1}{6} \div \dfrac{5}{8}$

(   )   (   )

4 次の問いに答えなさい。

(1) $1\dfrac{3}{5}$ kg の米を 6 等分してふくろに入れます。I ふくろには何 kg 入れればよいですか。

(   )

(2) たての長さが $8\dfrac{1}{3}$ m, 面積が $1\dfrac{1}{5}$ a の長方形の田んぼがあります。この田んぼの横の長さは何 m ですか。

(   )

(3) $\dfrac{3}{4}$ と $\dfrac{5}{6}$ を数直線上に表したとき, その真ん中の点を表す数は□です。

(   )

5 太郎さんの所持金は次郎さんの $1\dfrac{1}{3}$ 倍より 200 円多く, 次郎さんの所持金は三郎さんの $1\dfrac{1}{5}$ 倍です。太郎さんの所持金が 5000 円のとき, 三郎さんの所持金はいくらですか。

(   )

6 分数のわり算 → ハイクラス

1 次の計算をしなさい。（32点 /1つ4点）

(1) $\dfrac{2}{3} \div 4 \div 5$

(2) $1\dfrac{3}{5} \div 6 \div 14$

(3) $\dfrac{5}{6} \div \dfrac{8}{9} \div 3$

(4) $\dfrac{7}{8} \div 4\dfrac{1}{5} \div 20$

(5) $\dfrac{3}{4} \div \dfrac{2}{5} \div \dfrac{15}{16}$

(6) $2\dfrac{2}{7} \div \dfrac{4}{5} \div \dfrac{2}{3}$

(7) $5\dfrac{5}{6} \times 1\dfrac{1}{7} \div \dfrac{4}{5}$

(8) $2\dfrac{1}{3} \div 1\dfrac{2}{3} \times 3\dfrac{1}{2}$

2 次の計算をしなさい。（20点 /1つ4点）

(1) $\left(\dfrac{1}{3} + 1\dfrac{3}{4}\right) \div \dfrac{5}{7}$

(2) $\left(2\dfrac{1}{5} + 3\dfrac{1}{2}\right) \div 3\dfrac{1}{6}$

(3) $\left(1\dfrac{7}{18} - \dfrac{2}{9}\right) \div \dfrac{7}{10}$

(4) $\left(2\dfrac{2}{3} - 1\dfrac{5}{8}\right) \div 3\dfrac{1}{8}$

(5) $\left(4.5 - 2\dfrac{1}{7}\right) \div 1\dfrac{5}{28}$

3 3, 4, 5の3つの数を使って，次の計算を考えます。

$$\frac{ \boxed{イ} }{ \boxed{ア} } \div \boxed{ウ}$$

(1) 答えが最も大きくなるのは，それぞれどんな数を入れたときですか。(9点)

ア（　　　　　）　イ（　　　　　）　ウ（　　　　　）

(2) 答えが最も小さくなるのは，それぞれどんな数を入れたときですか。(9点)

ア（　　　　　）　イ（　　　　　）　ウ（　　　　　）

4 $3\frac{1}{3} \div \square$ は1より大きくなり，$5\frac{3}{4} \div \square$ は2より小さくなります。□にあてはまる数を求めなさい。□には同じ整数がはいります。(10点)

（　　　　　　）

5 ある数を $\frac{2}{3}$ でわってから $\frac{3}{4}$ をかけて17をひくところをまちがって，$\frac{3}{4}$ でわってから $\frac{2}{3}$ をかけて17をたしてしまいましたが，たまたま答えが正しくなりました。(20点 / 1つ10点)

(1) ある数を求めなさい。

（　　　　　　）

(2) 正しく計算をしたときの答えを求めなさい。

（　　　　　　）

7 分数の計算

 標準クラス

1 次の計算をしなさい。

(1) $\dfrac{3}{4} + \dfrac{2}{3} \div \dfrac{1}{2} - \dfrac{2}{5}$ 〔大阪女学院中〕

(2) $\left(\dfrac{12}{5} + \dfrac{4}{3}\right) \div 2\dfrac{4}{5} - \dfrac{2}{3}$ 〔大宮開成中〕

(3) $\left(\dfrac{9}{10} + \dfrac{7}{8} \div \dfrac{5}{6}\right) \div \dfrac{3}{4} - \dfrac{1}{2}$ 〔カリタス女子中〕

(4) $\left(\dfrac{3}{5} - \dfrac{3}{7}\right) \div \dfrac{9}{14} \times \left(\dfrac{1}{8} + \dfrac{7}{4}\right)$ 〔上宮学園中〕

(5) $4\dfrac{1}{6} - 2\dfrac{2}{21} \times 1\dfrac{3}{11} - 3\dfrac{7}{12} \div 2\dfrac{13}{15}$ 〔学習院中〕

2 次の計算をしなさい。

(1) $\left(\dfrac{4}{3} - 0.3\right) \div 3.1 - 0.1$ 〔大阪女学院中〕

(2) $\left(3\dfrac{3}{4} - 1\dfrac{2}{3}\right) \div 2\dfrac{1}{2} - 0.5$ 〔江戸川女子中〕

(3) $\left(\dfrac{9}{8} - \dfrac{3}{4} \times \dfrac{5}{6} + \dfrac{7}{12}\right) \div 0.75$ 〔関西学院中〕

(4) $\left(1.5 - 1\dfrac{1}{8}\right) \div \left(\dfrac{2}{3} - 0.25\right)$ 〔お茶の水女子大附中〕

(5) $\dfrac{1}{3} + \left(\dfrac{2}{3} \times 5 - 1.5 \div 1.8\right) \div 0.6$ 〔ラ・サール中〕

3 次の□にあてはまる数を答えなさい。

(1) $\left(\dfrac{19}{16}+\boxed{}\right)\times\dfrac{1}{7}-2\dfrac{5}{16}=1$

$()$

(2) $\left(60-\boxed{}\times1\dfrac{2}{7}\right)\div\dfrac{5}{6}=54$ 〔同志社女子中〕

$()$

(3) $3\div\left(\dfrac{1}{2}\times\boxed{}+0.3\right)-3\dfrac{2}{3}=3$ 〔国府台女子学院中〕

$()$

(4) $\dfrac{1}{4}\times\boxed{}+0.3\div\left(\dfrac{5}{6}-\dfrac{3}{10}\right)=0.75$ 〔立命館中〕

$()$

4 次の計算式が正しくなるように，式のどこかに（ ）を1組書き加えなさい。

$1-\dfrac{1}{4}+\dfrac{1}{8}\div\dfrac{3}{4}=\dfrac{1}{2}$

5 次の式の□に，＋，－，×，÷ の記号を入れなさい。 〔早稲田摂陵中〕

$\dfrac{1}{6}+\dfrac{2}{3}\boxed{}\dfrac{1}{2}=\dfrac{1}{2}$

$()$

6 $\left(\dfrac{1}{2}+\dfrac{2}{3}\right)\div\dfrac{3}{4}\times\dfrac{4}{5}=\dfrac{7}{6}\div\dfrac{3}{5}=1\dfrac{17}{18}$ という計算はまちがっています。なぜまちがっているのか理由を説明しなさい。

$()$

7 分数の計算 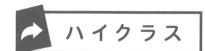 ハイクラス

1 次の計算をしなさい。(25点/1つ5点)

(1) $\left\{2\dfrac{3}{10}-\left(1\dfrac{3}{4}-\dfrac{4}{5}\right)\right\}\div1\dfrac{1}{8}$　　　　　〔武庫川女子大附中〕

(2) $123-\left\{14\times\left(\dfrac{1}{2}-\dfrac{1}{3}\right)\div\dfrac{7}{36}\right\}\div0.1$　　　　　〔浪速中〕

(3) $3.5\div1\dfrac{1}{5}-\left\{12\times\left(\dfrac{1}{3}-0.3\right)-0.15\right\}$　　　　　〔渋谷教育学園渋谷中〕

(4) $\left\{1.04\div9\times\left(12-5\dfrac{4}{7}\right)-\dfrac{13}{42}\right\}\times2\dfrac{23}{26}$　　　　　〔桜蔭中〕

(5) $\left(2-\dfrac{2}{9}\right)\div\left\{1.25\times1\dfrac{1}{3}-\left(\dfrac{1}{8}+\dfrac{1}{4}+\dfrac{1}{2}\right)\right\}$　　　　　〔攻玉社中〕

2 次の計算をしなさい。(25点/1つ5点)

(1) $\left\{\left(1\dfrac{2}{7}-0.4\right)\times2\dfrac{1}{2}\div\dfrac{3}{14}+0.375\right\}\times24$　　　　　〔市川中〕

(2) $31.41\times\left(\dfrac{3}{2}+\dfrac{5}{4}-\dfrac{7}{6}\right)-3.141\div\left(\dfrac{4}{7}-\dfrac{2}{5}\right)$　　　　　〔高槻中〕

(3) $1.23\times\dfrac{1}{6}+24.6\times\dfrac{1}{80}-369\times\dfrac{1}{900}-4920\times\dfrac{1}{48000}$　　　　　〔奈良学園中〕

(4) $\left(\dfrac{1}{3\times6\times9}+\dfrac{1}{6\times9\times12}+\dfrac{1}{9\times12\times15}\right)\times5\times4\times3\times2\times1$　〔東京都市大等々力中〕

(5) $\left(\dfrac{6}{7}-\dfrac{5}{6}\right)\times\left(\dfrac{4}{5}-\dfrac{3}{4}\right)\times\left(\dfrac{2}{3}-\dfrac{1}{2}\right)\times7\times6\times5\times4\times3\times2\times1$　〔國學院大久我山中〕

3 次の□にあてはまる数を答えなさい。(18点 / 1つ6点)

(1) $\left\{\left(\dfrac{3}{5} + \boxed{}\right) \times 2.5 - \dfrac{5}{12}\right\} \times \dfrac{9}{11} = 1\dfrac{10}{11}$　　　　〔帝塚山中〕

（　　　　　　　　）

(2) $\left\{\dfrac{4}{5} \div (1 + \boxed{})\right\} \div \left\{\left(\dfrac{1}{7} + \dfrac{1}{14}\right) \div \dfrac{7}{8}\right\} = \dfrac{7}{3}$　　　　〔立命館宇治中〕

（　　　　　　　　）

(3) $2\dfrac{1}{5} - \left\{1\dfrac{1}{2} - 0.84 \times \left(2\dfrac{3}{7} - \boxed{}\right)\right\} = 1\dfrac{9}{25}$　　　　〔高輪中〕

（　　　　　　　　）

4 次の□には同じ数がはいります。あてはまる数を求めなさい。(12点 / 1つ6点)

(1) $\dfrac{16}{25} \times \dfrac{16}{25} + \boxed{} \times \boxed{} = \dfrac{4}{5} \times \dfrac{4}{5}$　　　　〔昭和学院秀英中〕

（　　　　　　　　）

(2) $0.1875 \times \left(1\dfrac{1}{3} - \boxed{}\right) = \left(\dfrac{17}{21} - \boxed{}\right) \div 1\dfrac{1}{7}$　　　　〔開成中〕

（　　　　　　　　）

5 記号＊は，$a \ast b = (a-b) \div (a+b)$ を表します。このとき，

$$\dfrac{9 \ast 6}{8 \ast 7} \ast \dfrac{10 \ast 1}{7 \ast 4}$$

を計算しなさい。(10点)　　　　〔獨協埼玉中〕

（　　　　　　　　）

6 ある数に $\dfrac{1}{2}$ をたして $\dfrac{2}{3}$ をかけるところを，まちがえてある数に $\dfrac{1}{2}$ をかけて $\dfrac{2}{3}$ をたしてしまい，答えが $\dfrac{3}{4}$ になりました。正しく計算したときの答えは何ですか。(10点)

（　　　　　　　　）

1 次の計算をしなさい。(16点 / 1つ8点)

(1) $\dfrac{2}{7} + \dfrac{3}{13} + \dfrac{3}{11} + \dfrac{1}{21} + \dfrac{2}{33} + \dfrac{4}{39}$ 〔専修大松戸中〕

(2) $\left\{ \left(3.5 - 1\dfrac{2}{3} \right) \div 3\dfrac{2}{3} - \dfrac{2}{9} \right\} \times 1\dfrac{2}{7} \div 1.6 \times \left(\dfrac{5}{2} + 4.5 - \dfrac{7}{5} \right)$ 〔大阪信愛学院中〕

2 分数 $\dfrac{123 \times 456 - 333}{366 \times 456 + 369}$ をかんたんにしなさい。(8点) 〔ラ・サール中〕

( )

3 $\dfrac{2}{11} = 0.181818\cdots\cdots$ のように,$\dfrac{2}{11}$ は1と8の数字がくり返される小数で表すことができます。8と1の数字がくり返される小数 $0.818181\cdots\cdots$ を分数で表しなさい。(8点) 〔筑波大附中〕

( )

4 たて 48 cm,横 36 cm,高さ 30 cm の直方体の容器があります。

(16点 / 1つ8点) 〔立教池袋中〕

(1) この容器になるべく大きな同じ大きさの立方体をすきまなくつめるとき,1辺が何 cm の立方体が何個必要ですか。

( )

(2) この容器を向きを変えずに積み上げて立方体をつくるとき,容器は少なくとも何個必要ですか。

( )

5 次の分数を大きい順に左からならべなさい。(8点)

$$\frac{23}{25}, \quad \frac{112}{117}, \quad \frac{113}{123}, \quad \frac{335}{345}$$

(　　　→　　　→　　　→　　　)

6 大きい順に3つの2けたの素数A, B, Cがあります。Bは25より大きい数で, AをBでわったときの余りがCになり, Cを7でわったときの余りは6になりました。 〔学習院中〕

(1) 7でわったときの余りが6になる2けたの素数をすべて答えなさい。(6点)

(　　　　　　　　　　)

(2) AをBでわったときの商を答えなさい。(6点)

(　　　　　　　　　　)

(3) 素数A, B, Cを答えなさい。(12点/1つ4点)

A (　　) B (　　) C (　　)

7 1〜10, 2〜11, ……のような連続する10個の整数(1以上の整数)を1つずつ, 式 $\dfrac{\square+\square+\square+\square+\square}{\square+\square+\square+\square+\square}$ の□の中に入れ, この式の値を計算します。その値をXとすることにします。

例えば, 9〜18を $\dfrac{9+11+12+14+17}{10+13+15+16+18}$ のように入れた場合は,

$\dfrac{9+11+12+14+17}{10+13+15+16+18} = \dfrac{63}{72} = \dfrac{7}{8}$ なのでX$=\dfrac{7}{8}$ となります。

(20点/1つ10点)〔栄光学園中-改〕

(1) 考えられるXの値のうち, 最も大きい値を答えなさい。

(　　　　　　　　　　)

(2) Xの値が整数となるように, □の中に整数を入れなさい。一通りの場合だけ示せばよいものとします。

(　　　　　　　　　　)

チャレンジテスト②

1 次の □ にあてはまる数を求めなさい。(10点)　　　　　　　〔早稲田大高等学院中〕

$$\frac{3}{2} \times \left\{ \frac{3}{2} \times \left(\frac{3}{2} \times \square - \frac{2}{3} \right) - \frac{2}{3} \right\} - \frac{2}{3} = \frac{3}{2}$$

（　　　　　　　）

2 $\dfrac{1}{1\times3\times5} = \dfrac{1}{1\times3} - \dfrac{4}{3\times5}$，$\dfrac{1}{3\times5\times7} = \dfrac{4}{3\times5} - \dfrac{9}{5\times7}$ を参考にして，次の計算

をしなさい。(10点)　　　　　　　　　　　　　　　　　　　　　　〔土佐女子中－改〕

$$\frac{1}{1\times3\times5} + \frac{1}{3\times5\times7} + \frac{1}{5\times7\times9} + \frac{1}{7\times9\times11} + \frac{1}{9\times11\times13}$$

3 次のように，分数を規則的に変え，その和を求めます。

$$\frac{1}{2}，\frac{11}{20}，\frac{101}{200}，\frac{1001}{2000}，\frac{10001}{20000}，\cdots\cdots$$

和が 5.55…5 になるには，何個の分数をたせばよいですか。(10点)　　〔筑波大附中〕

（　　　　　　　）

4 次の問いに答えなさい。(20点 / 1つ10点)

(1) 分数 □ の分子に 4 を加えると $\dfrac{2}{3}$ になり，分子から 4 をひくと $\dfrac{2}{7}$ になります。
□ にあてはまる数を求めなさい。　　　　　　　　　　　　　　　〔立教女学院中〕

（　　　　　　　）

(2) $\dfrac{3}{35}$ の分母と分子に同じ整数を加えて約分したところ，$\dfrac{8}{15}$ だけ大きい分数とな
りました。どんな整数を加えましたか。　　　　　　　　　　　　　〔ラ・サール中〕

（　　　　　　　）

5 2, 4, 5, 8 の 4 つの数字を，右のア〜エの 4 か所に 1 つずつあ てはめて，分数のたし算の式をつくることにします。 $\dfrac{ア}{イ}+\dfrac{ウ}{エ}$
次の□にあてはまる数を求めなさい。(20点 / 1つ10点) 〔東京学芸大附属世田谷中一改〕

(1) つくった式の中で，最も大きい答えは□です。

（　　　　　　）

(2) つくった式の中で，最も小さい答えは□です。

（　　　　　　）

6 とびらのついたロッカーが 200 個あり，それぞれのロッカーに 1 から 200 ま での番号がひとつずつ書いてあります。最初，すべてのロッカーはとびらが閉 まっています。これら 200 個のロッカーに，次の 100 回のそう作を行います。 なお，以下で「開閉する」とは，ロッカーが閉まっていれば開け，開いていれ ば閉めることです。

　　　1 回目　すべてのロッカーを開ける
　　　2 回目　番号が 2 の倍数であるすべてのロッカーを閉める
　　　3 回目　番号が 3 の倍数であるすべてのロッカーを開閉する
　　　4 回目　番号が 4 の倍数であるすべてのロッカーを開閉する
　　　　　　　……
　　　100 回目　番号が 100 の倍数であるすべてのロッカーを開閉する
100 回目のそう作が終わったとして，次の問いに答えなさい。

(30点 / 1つ15点) 〔筑波大附属駒場中一改〕

(1) 番号が 1 から 10 までの 10 個のロッカーのうち，開いているロッカーの番号 をすべて書きなさい。

（　　　　　　）

(2) 200 個のロッカーのうち，開いているロッカーは何個ありますか。

（　　　　　　）

8 小数のかけ算

標準クラス

1 次の計算をしなさい。

(1) 3.9×5.6

(2) 3.8×2.5

(3) 6.9×0.45

(4) 0.29×7.6

(5) 0.88×0.42

(6) 0.56×0.75

(7) 3.45×4.8

(8) 0.608×6.3

2 次の計算をしなさい。

(1) $1.7 \times 32 \times 2.25$

(2) $(0.8 + 0.05) \times 2.6$

(3) $(2.1 - 1.02) \times 3.4$

(4) $1.6 \times 5.2 + 4.8 \times 1.6$

(5) $49.2 \times 5.9 - 23.1 \times 5.9 - 16.1 \times 5.9$

3 1.06×4.7 の筆算では，小数点ではなく 6 と 7 をそろえて計算します。その理由を説明しなさい。

$$\left(\qquad\qquad\qquad\qquad\right)$$

4 次の計算について，下の問いに答えなさい。

ア 7.96×2.53　　イ 7.96×0.98　　ウ 7.96×1.07　　エ 7.96×0.42

(1) 積が 7.96 より大きくなる式はどれですか。すべて記号で答えなさい。

$$(\qquad\qquad)$$

(2) 積が 7.96 に最も近いのはどれですか。記号で答えなさい。

$$(\qquad\qquad)$$

(3) アの積を見積もると，およそいくらですか。整数で答えなさい。

$$(\qquad\qquad)$$

5 次のある数を求めなさい。

(1) ある数を 3.5 でわると 5.8 になります。

$$(\qquad\qquad)$$

(2) ある数から 7.5 をひいて，4.2 でわると 8.1 になります。

$$(\qquad\qquad)$$

6 1 組の花だんは，たてが 3.5 m，横が 1.8 m あります。2 組の花だんは，たてが 3.8 m，横が 1.5 m あります。どちらの花だんが，何 m² 広いでしょうか。花だんは，どちらも長方形の形をしています。

$$(\qquad 組の花だんが \qquad だけ広い)$$

8 小数のかけ算 → ハイクラス

1 次の計算をしなさい。(40点 / 1つ5点)

(1) 0.75×2.39

(2) 5.8×5.34

(3) 3.72×14.5

(4) 37.6×0.548

(5) 6.53×0.427

(6) 3.507×0.57

(7) 0.99×4.008

(8) 1.67×4.231

2 次の計算をしなさい。(12点 / 1つ6点)

(1) 0.75×8.6＋(2.3＋4.1)×0.2

(2) 1.7×(4.2−0.7)−(7.4＋1.1)×0.1

〔帝塚山学院泉ヶ丘中〕

3 次の計算を, くふうしてしなさい。(12点/1つ6点)

(1) $32.5 \times 82 + 3.25 \times 250 - 325 \times 6.7$ 〔大谷中(大阪)〕

(2) $3.72 \times 19.6 + 62.8 \times 5.47 + 35.1 \times 3.72$ 〔日本女子大附中〕

4 $2.85 \times 3.5 = 9.975$ です。これをもとにして, 次の積を求めなさい。(18点/1つ3点)

(1) 28.5×3.5

(2) 285×35

(3) 0.285×3.5

(4) 2.85×0.35

(5) 2.85×0.035

(6) 2.85×350

5 次の計算をしなさい。ただし, 答えは小数で表しなさい。(8点/1つ4点)

(1) $\frac{2}{25} \times 0.65 + 0.78 \times 0.2$

(2) $2\frac{1}{40} \times 1.8 - 1.69 \times 0.4$

6 たての長さが 1.6 cm, 横の長さが 1.6 cm, 高さが 2.5 cm の直方体のてん開図の面積は何 cm² ですか。(10点)

( )

9 小数のわり算

 標準クラス

1 次のわり算をわり切れるまでしなさい。

(1) 36.4÷1.3

(2) 81.6÷3.4

(3) 40.3÷1.3

(4) 15.6÷2.4

(5) 8.4÷5.6

(6) 36÷4.8

2 次のわり算の商を小数第二位まで求め，余りも出しなさい。

(1) 35.3÷1.7

(2) 16.9÷5.7

(3) 71.5÷6.7

(4) 22.5÷8.5

(5) 60.3÷14.5

(6) 89.5÷22.3

3 次のわり算の商を，小数第三位を四捨五入して，小数第二位までのがい数で求めなさい。

(1)

2.8)7.71

(2)

9.6)15.86

(3)

7.1)21.93

4 次のア～エのわり算の中で，商が最も大きくなるのはどれですか。記号で答えなさい。

ア 9÷1.2　　イ 9÷0.3　　ウ 9÷4.5　　エ 9÷0.97

（　　　　　　　）

5 次の問いに答えなさい。

(1) フィートは外国で使われる長さの単位で，1フィートは30.48cmです。4mのテープに1フィートごとに切れ目を入れるとき，何か所切れ目がはいりますか。

（　　　　　　　）

(2) 24.9Lのジュースを1人に0.4Lずつ配ります。何人に配れて，何L余りますか。

（　　　　人に配れて　　　　L余る）

6 よし子さんの体重は27.6kgで，お母さんの体重は50.4kgあります。お母さんの体重は，よし子さんの体重の何倍ですか。小数第二位を四捨五入して，小数第一位まで求めなさい。

（　　　　　　　）

7 たての長さが1.6m，面積が11.52m² の長方形の花だんがあります。横の長さを長くして面積を17.28m² にするには，横の長さは何m長くすればよいですか。

（　　　　　　　）

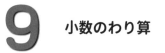

9　小数のわり算　→ ハイクラス

1 次の計算をしなさい。ただし，わり切れないときは，商を小数第三位まで求めて，小数第二位までのがい数で答えなさい。(16点 /1つ4点)　　　〔奈良学園中－改〕

(1) $24.34 \div 3.24$ (2) $20.04 \div 12.6$

(3) $14.4 \div 4.67$ (4) $3.24 \div 7.9$

2 次の計算をしなさい。(15点 /1つ5点)

(1) $(3.92 + 9.2) \div (6.9 - 2.8)$

(2) $11.2 \div 1.6 + (5.3 + 7.4) \div 0.1$

(3) $20.16 \div (8.1 - 2.5) - (4 - 0.64) \div 4.2$

3 次の計算を，くふうしてしなさい。(15点 /1つ5点)

(1) $1.403 \div 0.38 + 0.345 \div 0.38$

(2) $69.4 \div 9.4 - 10.18 \div 9.4$

(3) $(43.2 - 16.8) \div 5.7 + 26.61 \div 5.7$

4 1.9÷7.6=0.25 です。これをもとにして，次の商を求めなさい。(24点/1つ4点)

(1) 19÷7.6

(2) 0.19÷0.76

(3) 1.9÷76

(4) 190÷7.6

(5) 0.019÷0.76

(6) 19÷76

5 次の計算をしなさい。ただし，答えは小数で表しなさい。(10点/1つ5点)

(1) $2.21 \div 1.3 + 0.125 \times 6 - \dfrac{9}{20}$ 〔明星中（大阪）〕

(2) $3\dfrac{1}{2} \div \left(3.75 - 1\dfrac{1}{4}\right) + 4\dfrac{1}{2} \times 0.8$ 〔大妻中〕

6 1畳を 1.445 m² とします。テニスコート1面の面積 260.87 m² は何畳ですか。小数第一位を四捨五入して，整数で答えなさい。(10点)

(　　　　　　)

7 商品A，Bがたくさんと，10.48 m のリボンがあります。1個の商品Aにかけるには 0.28 m のリボンが必要で，1個の商品Bにかけるには 0.36 m のリボンが必要です。どちらかの商品だけにできるだけ多くリボンをかけるとき，リボンの余りが少ないのはどちらの商品にリボンをかけたときですか。また，そのときリボンをかけた商品は何個できますか。(10点/1つ5点)

商品 (　　　　　　) 　個数 (　　　　　　)

10 平均

標準クラス

1 太郎さんは，1週間でどれだけ読書をしたかを調べ，次の表にまとめました。1日に平均何分間読書をしたことになりますか。 〔滋賀大附中〕

曜日	日	月	火	水	木	金	土
時間	2時間	32分	42分	0分	1時間	25分	57分

(   )

2 あやかさんが10歩歩いたきょりを4回はかってまとめたところ，次の表のようになりました。

回	1	2	3	4
10歩の長さ	4m42cm	4m60cm	4m46cm	4m52cm

(1) あやかさんの歩はばの平均は何cmですか。

(   )

(2) あやかさんが200歩歩くときどれだけ進むと考えられますか。

(   )

3 花子さんの国語，算数，理科3科目の平均点は72点でした。社会で96点をとると，4科目の平均点は3科目の平均点よりも何点上がりますか。 〔同志社女子中〕

(   )

4 くみ子さんが今まで受けた4回の算数のテストの平均点は78点でした。5回目に何点とれば，平均点が80点になりますか。

(   )

5 国語，算数，理科，社会の 4 教科のテストの平均点は 76 点で，国語は 90 点，理科が 67 点で，算数は社会より 7 点よかったそうです。算数のテストの点数は何点ですか。

〔共立女子第二中〕

(　　　　　　　　)

6 算数のテストが何回かあり，今までの平均は 70 点でした。今回のテストで 90 点をとったので，全部の平均は 74 点になりました。今回のテストは何回目のテストでしたか。

〔南山中女子部〕

(　　　　　　　　)

7 たけしさんの学校の 5 年は 3 組まであります。1 組の男子は 15 人で体重の平均は 34.8 kg，2 組の男子は 17 人で体重の平均は 35.6 kg，3 組の男子は 18 人で体重の平均は 33.5 kg です。5 年の男子の体重の平均は何 kg ですか。小数第二位を四捨五入して答えなさい。

(　　　　　　　　)

8 右の表は，1 週間に図書室で本を借りた人の人数を示しています。

曜日	月	火	水	木	金
人数(人)	62	65	57	67	59

(1) 1 日平均，何人の人が本を借りましたか。

(　　　　　　　　)

(2) 仮の平均を 60 人として，1 日平均，何人の人が本を借りたかを求める式を書きなさい。

(式)

(3) この 1 週間に本を借りたのべ人数は何人ですか。

(　　　　　　　　)

1 あるクラスの児童40人が算数のテストを受けました。その結果は，右の表のとおりでした。ただ，合計点が7点の人数

合計点	0	2	3	4	5	6	7	9
人数	1	3	4	6	12	7		3

はまだ記入できていません。このテストの問題は全部で3問で，1番は2点，2番は3点，3番は4点で，正しくない答えは0点でした。

(20点 /1つ10点)〔香川県大手前高松中－改〕

(1) このテストの平均点は何点ですか。小数第二位を四捨五入して答えなさい。

（　　　　　　　）

(2) 1番の正解者は何人ですか。

（　　　　　　　）

2 Aの身長はBより18cm高く，Cの身長はBより6cm低いといいます。Bの身長と3人の身長の平均との差は何cmですか。(10点)　　　〔帝塚山学院泉ヶ丘中〕

（　　　　　　　）

3 あるお店に，男性が5人，女性が3人います。この8人の年れいの平均は28才で，女性だけの年れいの平均は男性だけの平均よりも8才下です。このとき，男性だけの年れいの平均は何才ですか。(10点)　　　〔大阪産業大附中〕

（　　　　　　　）

4 5つの整数を小さい順にならべました。この5つの数の平均は20で，小さいほうから3つの数の平均は15で，大きいほうから3つの数の平均は25です。小さい順にならんだ真ん中の数は何ですか。(10点)　　　〔帝塚山学院中〕

（　　　　　　　）

5 あるクラスで算数のテストが行われ，このクラスの平均点が 83 点でした。男子児童 15 人の平均点が 87 点，女子児童の平均点が 80 点です。このクラスの女子の人数は何人ですか。(10点)　〔浪速中〕

（　　　　　　　）

6 あるクラスの算数のテストで，男子の合計点と女子の合計点は同じでした。男子の平均点は 72 点，女子の平均点は 88 点です。

(20点／1つ10点)〔大阪教育大附属池田中－改〕

(1) 男子の人数は女子の人数の何倍ですか。

（　　　　　　　）

(2) このクラスの平均点を求めなさい。

（　　　　　　　）

7 クラス対抗競技種目のソフトボール投げに出る代表者を選ぶことになり，しゅうじさんとまさのぶ

	1回目	2回目	3回目	4回目	5回目
しゅうじ	38 m	36 m	34 m	34 m	38 m
まさのぶ	30 m	45 m	32 m	34 m	39 m

さんの2人が立候補しました。2人にソフトボールをそれぞれ5回ずつ投げてもらった結果をもとに代表を選ぶことにします。上の表はその結果です。この結果をもとに，しゅうじさんを代表として選ぶ方法を1つ考え，その方法とその方法がよい理由を数，式，ことばを使って説明しなさい。

(20点)〔東京学芸大附属世田谷中〕

（
　
　
　
　
　
　
）

11 単位量あたりの大きさ

1 右の表は，のぼるさんたちの学校で4年生以上の人たちが1学期に読んだ本の数を表したものです。それぞれの学年で，1人あたり何さつ読んだことになりますか。

	人数（人）	読んだ本（さつ）
4 年	92	2852
5 年	144	3024
6 年	168	2688

4年（   ）　5年（   ）　6年（   ）

2 重さ 0.5 kg の容器に3Lのアルコールを入れて重さをはかったら 2.9 kg ありました。このアルコール1dLあたりの重さは何gですか。

（   ）

3 花だんに 100 cm² あたり2個の種をまきます。1 m² の花だんでは，種は何個必要ですか。

（   ）

4 右の表は，4つの市の人口と面積を表したものです。人口みつ度が最も高い市を選び，その市の人口みつ度を，小数第一位を四捨五入して答えなさい。

	人口（人）	面積（km²）
東市	268347	23.7
西市	318547	25.8
南市	41937	6.4
北市	670426	72.3

市（   ）　人口みつ度（   ）

5 A市の人口がB市より多く，A市の面積がB市より小さいとき，A市の人口みつ度はB市より大きくなります。その理由を説明しなさい。

$$\left(\right)$$

6 ポスターを3分間に225まい印刷できる機械Aと，5分間に340まい印刷できる機械Bがあります。

(1) 機械Bは，8分間に何まいポスターを印刷することができますか。

$$( )$$

(2) それぞれの機械でポスターを1分間印刷すると，どちらの機械が何まい多く印刷することができますか。

$$\left(機械 が まい多い \right)$$

7 1Lが176円のガソリン40Lで，308km走る自動車があります。

〔熊本マリスト学園中〕

(1) この自動車は1760円で，何km走ることができますか。

$$( )$$

(2) この自動車で会社まで，かた道4.9kmの道のりを25日間通うと，ガソリン代としていくら必要ですか。

$$( )$$

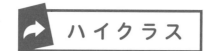

11 単位量あたりの大きさ

1 60Lの水がはいっている水そうに，はじめA管だけで9分間水を入れて，次にB管だけで4分間水を入れました。その後すぐに，A，B2本の管を同時に使って水を入れて，水の量を600Lにしました。右のグラフは，水を入れ始めてから13分後までの時間と水の量の関係を表したものです。　〔同志社中〕

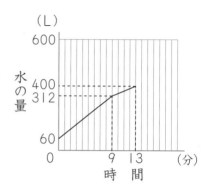

(1) A管，B管からそれぞれ1分間に何Lの水がはいりましたか。(8点/1つ4点)

A管 (　　　　　　　) B管 (　　　　　　　)

(2) 13分後から水の量が600Lになるまでのようすを，グラフにかきこみなさい。
(8点)

2 ある博物館にはいるとき，子ども10人と大人9人では13650円かかります。大人1人の入場料は子ども1人の入場料の2.5倍です。　〔西南学院中〕

(1) 子ども10人分の入場料は，大人の何人分の入場料にあたりますか。(8点)

(　　　　　　　)

(2) 子ども1人と大人1人の入場料をそれぞれ求めなさい。(8点/1つ4点)

子ども (　　　　　　　) 大人 (　　　　　　　)

3 A市は，人口がC市の $\frac{5}{6}$ で，面積がC市の $\frac{1}{2}$ です。B市は，人口がC市の $\frac{7}{6}$ で，面積がC市の $\frac{2}{3}$ です。B市の人口みつ度はA市の人口みつ度の何倍ですか。
(8点)〔晃華学園中－改〕

(　　　　　　　)

4 3種類のろうそくA，B，Cがあります。ろうそくに火をつけると，それぞれ一定の割合で短くなっていきます。Aの長さは30cmです。3本同時に火をつけると15分後には3本の長さが等しくなり，それから5分後にAの長さは6cmに，Bの長さは10cmになりました。CはA，Bと長さが等しくなった後，7分30秒で燃えつきました。(30点/1つ10点)　〔芝浦工業大柏中一改〕

(1) ろうそくAの短くなる速さは毎分何cmですか。

（　　　　　　　）

(2) ろうそくBの短くなる速さは毎分何cmですか。

（　　　　　　　）

(3) 火をつける前のろうそくCの長さは何cmですか。

（　　　　　　　）

5 1分間に24まい印刷できる印刷機Aと1分間に36まい印刷できる印刷機Bがあります。ただし，これらの印刷機は1度に1まいずつ印刷するタイプの印刷機で，トレイに紙が1まい出てから次の紙を取りこんで印刷を始めます。(30点/1つ10点)　〔関西大北陽中〕

(1) 印刷機AとBを同時に使い始めたとき，最初に2台同時に紙が出てくるのは何秒後か答えなさい。

（　　　　　　　）

(2) 印刷機AとBを同時に使って315まい印刷するのにかかる時間は何分何秒か答えなさい。

（　　　　　　　）

(3) 印刷機AとBを同時に使って印刷を始めました。しかし，印刷機Bがとちゅうで故しょうしたため，修理が終わるまで印刷機Aだけで印刷しました。修理が終わった後は，再び印刷機AとBを使って印刷しましたが，12分間で564まいしか印刷できませんでした。印刷機Bが故しょうして修理が終わるまでにかかった時間は何分何秒か答えなさい。

（　　　　　　　）

12 比例

標準クラス

1 長さが10cmのろうそくを燃やしたときの，燃やした時間，残った長さ，燃えた長さを表にまとめています。次の空らんにあてはまる数を書いて，表を完成させなさい。また，下の問いの㋐～㋒にあてはまることばや数を書きなさい。

燃やした時間(分)	1	2	3	4	5	6	7
残った長さ(cm)	9.8	9.6	9.4				
燃えた長さ(cm)	0.2	0.4	0.6	0.8			

(1) 比例の関係にあるのは ㋐ [　　　　　] と ㋑ [　　　　　] です。

(2) ㋐ [　　　　　] が2倍，3倍，4倍，……になると，それにともなって

㋑ [　　　　　] も2倍，3倍，4倍，……になっています。

(3) 燃やした時間が20分のとき，残った長さは ㋒ [　　　　　] になります。

2 次のア～オの中から，比例する関係にあるものをすべて選びなさい。

ア あめを1人2個ずつ配るとき，配る人数と必要なあめの個数

イ 階だん1だんの高さが16cmのときの階だんのだん数と下から上までの高さ

ウ 1.5Lのジュースを飲んだ量と残った量

エ 2Lの水を均等に分けるとき，分ける人数と1人あたりの水の量

オ 100gあたり350円のぶた肉を買うときの量とねだん

(　　　　　　　)

3 たての長さが一定の長方形を，下の図のようにならべました。

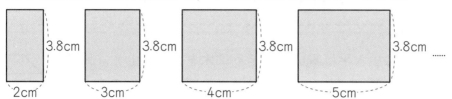

(1) 横の長さと面積を調べて，下の表にまとめなさい。

横(cm)	2	3	4				
面積(cm²)	7.6						

(2) 横の長さを□ cm，面積を△ cm² として，□と△の関係を式に表しなさい。

（　　　　　　）

(3) 横の長さが23cm のとき，面積は何 cm² になりますか。

（　　　　　　）

(4) 面積が 45.6cm² のとき，横の長さは何 cm になりますか。

（　　　　　　）

4 右の図のような直方体の水そうに毎分一定の割合で水を入れたとき，時間と水面の高さとの関係はグラフのようになりました。水そうにはいる水は毎分何Lですか。

〔筑波大附中〕

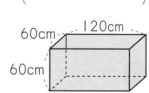

（　　　　　　）

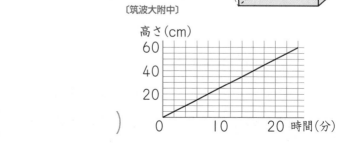

答え▶別さつ19ページ

12 比例 ハイクラス

時間 30分 合格 80点 得点 点

1 右の図のように，水平に置いた水そうに水を入れました。水そうに入れた水の量と，たまった水の深さの関係は，次の表のようになりました。表の㋐～㋒にあてはまる数を書きなさい。

(12点/1つ4点)〔お茶の水女子大附中〕

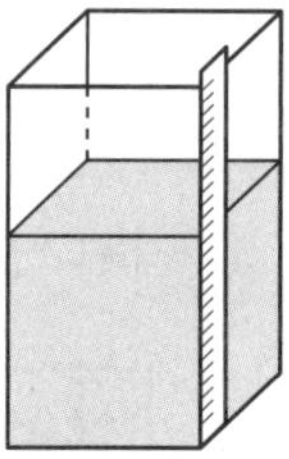

水の量(L)	0	10	30	㋑	50
深さ(cm)	0	㋐	24	36	㋒

㋐(　　) ㋑(　　) ㋒(　　)

2 右の図のような星子さんの家の田んぼに，いねが実り，いねかりをすることになりました。かりとった田んぼの面積とお米の重さの関係を調べたところ，次の表のようになりました。(18点/1つ6点)

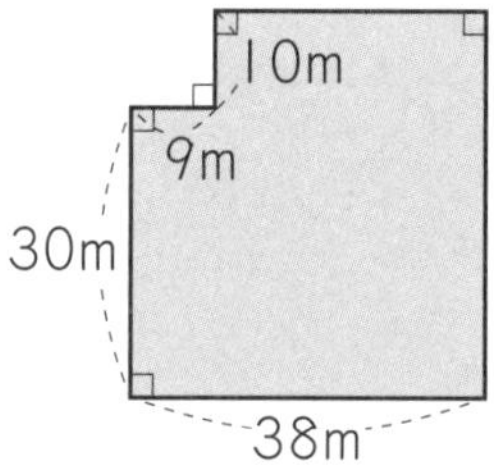

かりとった田んぼの面積(m^2)	2	3	12
とれたお米の重さ(kg)	1.14	1.71	6.84

(1) かりとった田んぼの面積が$60m^2$のとき，お米の重さを求めなさい。

(　　)

(2) 星子さんの家の田んぼの面積を求めなさい。

(　　)

(3) この田んぼからとれるお米の重さを求めなさい。

(　　)

3 次のことがらのうち，ともなって変わる2つの量が比例しているものには○，そうでないものには×をつけなさい。(16点/1つ4点)

(1) 正三角形の1辺の長さとまわりの長さ (　　)

(2) 面積が同じ長方形の，たての長さと横の長さ (　　)

(3) たてと横の長さの割合が同じ長方形の，まわりの長さと横の長さ (　　)

(4) 立方体の1辺の長さとそのてん開図の面積 (　　)

✎ **4** 下の表は，ふりこの長さとふりこが 10 往復する時間を調べてまとめたものです。ふりこが 10 往復する時間はふりこの長さに比例しますか。理由も説明して答えなさい。(12点 /1つ6点)

ふりこの長さ(cm)	10	40	90	160	250
10 往復する時間(秒)	6.28	12.56	18.84	25.12	31.4

( ) 理由 ( )

5 長さのことなる 2 つのばね A，B があります。A のばねにおもりを下げたときの，おもりの重さとばねののびの関係をグラフに表したのが右の図です。

(42点 /1つ6点)〔福山暁の星女子中〕

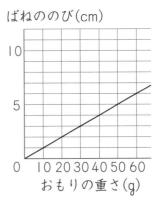

(1) A のばねについて答えなさい。

①おもりの重さが 1 g 増えると，ばねは何 cm のびますか。

( )

②60 g のおもりを下げたときのばねの長さは 16 cm でした。おもりを下げないときのばねの長さは何 cm ですか。

( )

(2) B のばねののびは，おもりの重さに比例します。20 g のおもりを下げたときのばねの長さは 11 cm，60 g のおもりを下げたときのばねの長さは 17 cm でした。B のばねについて答えなさい。

①おもりの重さが 1 g 増えると，ばねは何 cm のびますか。

( )

②おもりの重さと，ばねののびの関係を表すグラフを図の中にかきなさい。

③おもりを下げないときのばねの長さは何 cm ですか。

( )

④54 g のおもりを下げたときの，ばねの長さは何 cm ですか。

( )

(3) A と B のばねの長さが等しくなるのは，何 g のおもりを下げたときですか。

( )

チャレンジテスト③

1 次の計算をしなさい。(24点 / 1つ8点)

(1) 0.6×0.125÷1.5÷0.01　　　　　　　　　　　　　　　　　〔大阪産業大附中〕

(2) 4×4×5.14−51.4×0.75+0.257×30　　　　　　　　　　　〔ラ・サール中〕

(3) {(1.6+3.12)÷0.8+0.46÷0.25}÷0.9　　　　　　　　　　〔関西学院中〕

2 次のわり算の商と余りをそれぞれ求めなさい。ただし、商は小数第一位まで求めるものとします。(12点 / 1つ3点)

(1) 0.809÷0.007　　　　　　　　　商（　　　　　）余り（　　　　　）

(2) 1.28÷0.013　　　　　　　　　　商（　　　　　）余り（　　　　　）

3 25人のクラスで算数のテストを行いました。配点は1問目が5点、2問目が10点です。1問目の平均点は3.8点、2問目の平均点は7.2点でした。また、2問ともできなかった人は4人でした。(16点 / 1つ8点)　　　　〔帝塚山学院中〕

(1) 1問目と2問目の合計得点の平均点は何点ですか。

（　　　　　　　　　）

(2) 2問とも正解した人は何人ですか。

（　　　　　　　　　）

4 1組と2組の2クラスで算数のテストを行ったところ、1組の平均点は69.5点、2組の平均点は75.3点、全体の平均点は72.5点でした。1組の生徒が2組の生徒より2人少ないとき、1組の生徒は何人ですか。(8点)　　〔吉祥女子中〕

（　　　　　　　　　）

5 あるクラスで，A，B，Cの3題か
らなるテストを行いました。AとBは
それぞれ1点，Cは3点です。テス

テストの点(点)	0	1	2	3	4	5
生徒の人数(人)	1	8		4		2

トの点と生徒の人数を表にすると上のようになりました（ただし，一部の数は
書かれていません）。4点の生徒は2点の生徒より1人多く，クラスの平均点
は2.5点でした。2点だった生徒，4点だった生徒は，それぞれ何人ですか。

(10点/1つ5点)〔女子学院中一改〕

2点（　　　　　　）　4点（　　　　　　　）

6 図のように，じゃ口Aを開くと，毎分一定量の水がはい
り，じゃ口B，じゃ口Cを開くと，それぞれ毎分一定量
の水が流れ出る水そうがあります。はじめ，この水そう
に10Lの水がはいっていました。9時にじゃ口Aを開き，
9時10分にじゃ口Bを開き，9時30分にじゃ口Cを
開きました。9時50分にじゃ口Aをしめ，10時10分
にじゃ口Bとじゃ口Cをしめました。各時こくの水そうの水の量は，9時30
分には50L，9時50分には50L，10時10分には2Lでした。

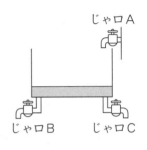

(30点/1つ10点)〔四天王寺中〕

(1) じゃ口Bから毎分何Lの水が流れ出ますか。

（　　　　　　）

(2) じゃ口Cから全部で何Lの水が流れ出ましたか。

（　　　　　　）

(3) 9時15分には，水そうに何Lの水がありましたか。

（　　　　　　）

1 次の計算をしなさい。(4)については，□□□にあてはまる数を求めなさい。

(32点 / 1つ8点)

(1) $4.5×1.2−7.8÷(1.9+3.3)$　　　　〔桐朋中〕

(2) $26.7÷3+1.5×0.8$　　　　〔帝塚山学院中〕

(3) $0.5×4.8×1.287÷0.495−0.125×24$　　　　〔大阪女学院中〕

(4) $0.1×\{2.72+(3.4−\boxed{})÷2−1.15\}=0.237$　　　　〔日本女子大附中〕

2 ⓪，①，②，③，④，⑤の6まいの数字カードを次の式にあてはめて，小数のわり算の式をつくります。(16点 / 1つ4点)

　　□.□□ ÷ □.□□

(1) 商が最も大きくなるときの式をつくりなさい。
（式）

(2) 商が最も小さくなるときの式と答えを求めなさい。ただし，商は小数第二位まで求めて，余りも出しなさい。
（式）

商（　　　　　　）余り（　　　　　　）

3 3個のたまごがあります。2個ずつのたまごの平均の重さは，60g，62g，63gです。重さが真ん中のたまごは何gですか。(8点)

（　　　　　　）

[4] 2つの容器P，Qに，水がそれぞれ9L，20Lはいっています。図のように，2またホースで水をAから毎分9L入れ続けます。このとき，ホースB，Cにはそれぞれ毎分㋐L，㋑Lの水が流れます。ホースAから水を入れ始めて6分後にホースBをQに移し，Aからの水がすべてQに流れるようにしました。それから5分後に再び，ホースBをPにもどすと，もどしてから2分後にPとQの水の量が同じになりました。㋐，㋑にあてはまる数を求めなさい。（20点 /1つ10点）　〔東海中〕

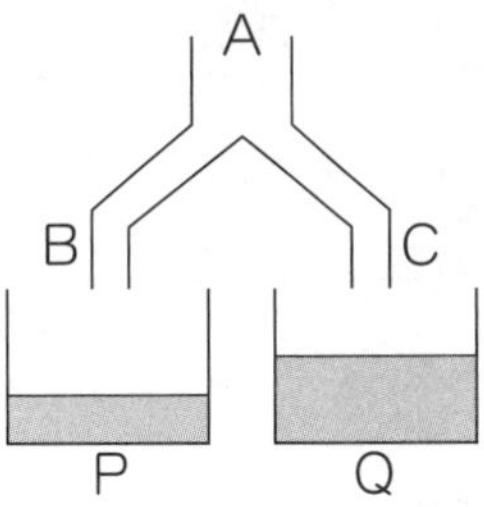

㋐（　　　　　）㋑（　　　　　）

[5] 車はブレーキをふんでから停止するまでのきょりには，以下の3つがあります。

1　空走きょり：運転者がブレーキをふんでから，実際にブレーキが効き始めるまでのきょり

2　制動きょり：ブレーキが効き始めてから，車が停止するまでのきょり

3　停止きょり：空走きょり＋制動きょり

次の表は，空走きょり，制動きょり，停止きょりを車の速さごとに表したものです。（24点 /1つ8点）　〔山手学院中〕

車の速さ

	空走きょり	制動きょり	停止きょり
時速 20 km		2 m	
時速 40 km	12 m		
時速 60 km		(㋑) m	
時速 80 km			(㋒) m
時速 100 km	(㋐)m		

(1) 空走きょりは，車の速さに比例します。㋐にあてはまる数はいくつですか。

（　　　　　）

(2) 制動きょりは，車の速さが2倍になると4倍に，3倍になると9倍に，4倍になると16倍に，5倍になると25倍になります。㋑にあてはまる数はいくつですか。

（　　　　　）

(3) ㋒にあてはまる数はいくつですか。

（　　　　　）

13 割合とグラフ

標 準 ク ラ ス

1 次の小数や分数を，百分率と歩合に直しなさい。

	0.7	0.125	$\dfrac{3}{25}$	$1\dfrac{1}{50}$
百分率				
歩合				

2 次の □ にあてはまる数を書きなさい。

(1) 300 の 7 割は，□ の 20% と同じです。　　〔京都産業大附中〕

(　　　　　　)

(2) 600 の $\dfrac{3}{5}$ は，450 の □ % と同じです。

(　　　　　　)

(3) 160 の 6 割 2 分 5 厘と □ の 15% とを合わせると 103 になります。

(　　　　　　)

3 としきさんの野球チームは，25 回試合をして 14 勝 11 敗でした。
(1) 勝率は何割何分ですか。

(　　　　　　)

(2) あと 15 回試合をして勝率を 6 割以上にするためにはあと何回勝たなければなりませんか。

(　　　　　　)

4 250 ページの本があります。昨日は全体の 20% を，今日は残りの 25% を読みました。2 日間で何ページ読みましたか。

(　　　　　　)

5 右の円グラフは，ある年のいちごの生産量の
割合を県別に表したものです。

〔福岡教育大附中-改〕

(1) この年のいちごの生産量は 196000 トンでし
た。このとき，熊本県のいちごの生産量は何
トンですか。

ある年のいちごの生産量の割合

（　　　　　　　）

(2) 福岡県のいちごの生産量は長崎県のいちごの生産量の 1.5 倍でした。このとき，
福岡県のいちごの生産量は何トンですか。

（　　　　　　　）

6 右の表は，2011 年と 2016 年のぶどう
の生産量の割合を，世界の地いき別に示
したものです。ぶどうの生産量の総量
は，2011 年は 6900 万トン，2016 年は
7700 万トンでした。

(1) 2016 年のアジアの生産量を求めなさい。

ぶどうの生産量の割合(%)

	2011 年	2016 年
アジア	31	37
アフリカ	5	6
ヨーロッパ	39	36
北アメリカ	10	10
南アメリカ	12	8
オセアニア	3	3

〔地理　統計要覧　2014，2019 年版より〕

（　　　　　　　）

(2) 2016 年のぶどうの生産量の割合を帯グラフで表しなさい。

```
0   10   20   30   40   50   60   70   80   90  100(%)
```

(3) 2011 年と 2016 年を比べると，生産量が減ったのは南アメリカで，212 万ト
ン減少していますが，あとの地いきはすべて増加しています。増加量が最も少
ない地いきはどこですか。

（　　　　　　　）

13 割合とグラフ ➡ ハイクラス

1 ある中学校の今年度の受験者数は216人で，これは昨年度より20%増えています。昨年度の受験者数を求めなさい。(12点)　〔愛知教育大附属名古屋中〕

(　　　　　　　　)

2 あるダムの今年の貯水量は昨年と比べると17.5%減り，おととしと比べると34%減りました。昨年の貯水量はおととしと比べると何%減りましたか。

(12点)〔早稲田中〕

(　　　　　　　　)

3 Aさんはある本を読むのに，毎日同じページずつ読むことにしていたのですが，1日目から25%増しで読んだので，予定よりも3日早くその本を読み終えました。はじめは何日で読み終える予定でしたか。(12点)　〔ラ・サール中一改〕

(　　　　　　　　)

4 落ちた高さの $\frac{2}{3}$ の高さまではね返るボールがあります。図はボールがはねてきた様子の一部を表しています。このとき，アの高さは何cmですか。

(12点)〔横浜中〕

(　　　　　　　　)

5 ある学校で児童600人に好きな教科を，算数・国語・社会・理科の中から1人に1教科ずつ選んでもらいました。右の円グラフは，それぞれの教科を好きと答えた人の人数の割合を表しています。社会が好きな人の人数を求めなさい。なお，円周上にある点は，円周を8等分しています。(12点)　〔安田女子中〕

(　　　　　　　　)

6 次の帯グラフは，ある小学校の５年生，６年生について，学校が終わってからねるまでの自由時間の平均的な時間配分の割合を示したものです。６年生の自由時間の平均は，５年生の自由時間の平均より長いです。

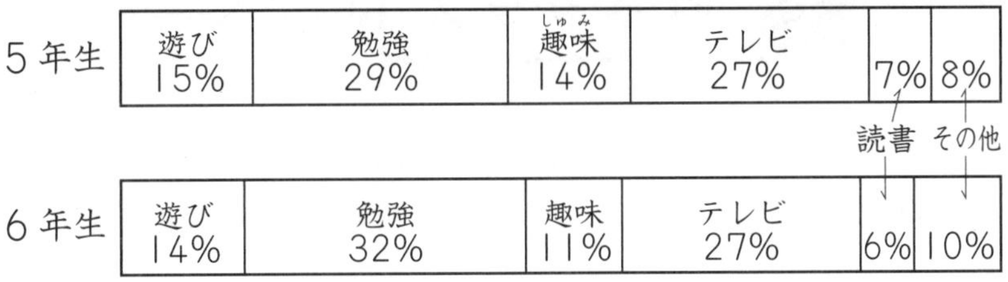

５年生
遊び 15%
勉強 29%
趣味 14%
テレビ 27%
7%
8%
読書
その他
６年生
遊び 14%
勉強 32%
趣味 11%
テレビ 27%
6%
10%

次の㋐～㋓について，正しいものには○，まちがっているものには×，○か×かを判断できないものには△を書きなさい。（20点／1つ5点）〔光塩女子学院中〕

㋐ ５年生の「勉強」の平均時間は，６年生の「勉強」の平均時間より短い。

（　　　　　）

㋑ ５年生の「テレビ」の平均時間と６年生の「テレビ」の平均時間は同じ。

（　　　　　）

㋒ ６年生の「遊び」の平均時間は，５年生の「遊び」の平均時間より長い。

（　　　　　）

㋓ ６年生の「遊び」の平均時間は，５年生の「趣味」の平均時間より長い。

（　　　　　）

7 ある町の人口を2000年から2015年まで５年ごとに調べたら，表のようになりました。（20点／1つ10点）〔フェリス女学院中－改〕

2000年	10000人
2005年	
2010年	14400人
2015年	17280人

(1) 仮に，2000年から2015年まで５年ごとに，同じ倍率で人口が変化したと考えたとき，倍率は何倍になりますか。

（　　　　　）

(2) (1)で求めた倍率を用いて，この町の2020年の人口を予測すると，何人ですか。

（　　　　　）

14 相当算

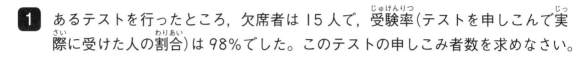

1 あるテストを行ったところ, 欠席者は 15 人で, 受験率(テストを申しこんで実際に受けた人の割合)は 98% でした。このテストの申しこみ者数を求めなさい。

( )

2 何まいかあるコインをAさん, Bさん, Cさんの3人で分けました。Aさんが全体の $\frac{1}{3}$, Bさんが全体の $\frac{1}{4}$, Cさんが全体の $\frac{1}{6}$ にあたるまい数のコインを取ったので, 6まい残りました。はじめに, コインは何まいありましたか。

〔三輪田学園中〕

( )

3 ある本を3日で読み終える予定で, 1日に全体の $\frac{5}{9}$ を読み, 2日目は残りの 60% を読みました。3日目に読む分が 24 ページであるとき, この本は何ページありますか。

〔自修館中〕

( )

4 あるテープを, はじめにその $\frac{1}{4}$ を使い, 次に残りの $\frac{3}{5}$ を使うと, 30 cm 残りました。このテープのもとの長さは何 cm ですか。

( )

5 ある本を１日目に 30 ページ読み，２日目は残りの $\frac{2}{5}$ を読んだところ，その本の $\frac{1}{2}$ を読み終えていました。この本は全部で何ページありますか。〔帝塚山学院中〕

(　　　　　　　　)

6 何問かある計算問題を１日目に 32 問解き，２日目に残りの $\frac{2}{5}$ より９問多く解き，３日目に残りの $\frac{2}{3}$ を解いたところ，残りは 12 問になりました。計算問題ははじめ何問ありましたか。

〔麗澤中－改〕

(　　　　　　　　)

7 東海さんは団子を持って出かけました。とちゅうで，持っていた団子の $\frac{1}{3}$ をイヌにあたえ，次に残った団子の $\frac{1}{2}$ をサルにあたえ，最後に残った団子の $\frac{2}{3}$ をトリにあたえたところ，団子が４個残りました。最初に東海さんが持っていた団子は何個ですか。

〔東海大付属相模高中〕

(　　　　　　　　)

8 Ａ，Ｂ２種類の品物があります。ＡのねだんはＢのねだんよりも 3000 円高く，ＢのねだんはＡのねだんの $\frac{4}{7}$ よりも 600 円高いとするとＢのねだんはいくらですか。

〔東海大付属大阪仰星高中〕

(　　　　　　　　)

14 相当算 ➡ ハイクラス

1 兄と弟であめを分けました。兄は全体の50％より5個多く，弟は全体の40％より1個少なかったそうです。(12点/1つ6点)

(1) あめははじめに何個ありましたか。

（　　　　　　）

(2) 兄のあめは何個ですか。

（　　　　　　）

2 ある学校でA市に住んでいる生徒は全体の $\frac{1}{2}$ より32人少なく，A市以外に住んでいる生徒は，全体の $\frac{5}{9}$ より43人少ないそうです。学校全体の生徒数は何人ですか。(12点)　　　　　〔世田谷学園中－改〕

（　　　　　　）

3 さくらさんは持っていたお金の $\frac{1}{2}$ を使って辞書を買いました。その後，お父さんから200円をもらい，そのとき持っているお金の $\frac{2}{3}$ よりも100円多く使ったところ，300円残りました。はじめにさくらさんが持っていたお金は何円ですか。(12点)　　　　　〔福岡教育大附中〕

（　　　　　　）

4 花子さんは，持っていたお金の $\frac{2}{9}$ を使ってぼうしを買いました。次に，残りの $\frac{3}{4}$ を使って洋服を買いました。その後，お母さんから600円もらったので，今持っているお金ははじめに持っていたお金の $\frac{5}{18}$ になりました。はじめに持っていたお金はいくらでしたか。(12点)　　　　　〔開智中(和歌山)〕

（　　　　　　）

5 あるびんに水を $\dfrac{4}{5}$ 入れて重さをはかったら, 607 g でした。このびんに水を $\dfrac{1}{3}$ だけ入れると, 重さは 355 g になりました。このびんの重さは何 g ですか。(16点)

(   )

6 6 年生 78 人が, 2 つのグループに分かれ, 1 つのグループは図 1 のように各辺に同じ人数でならんで正三角形をつくり, もう 1 つのグループは図 2 のように各辺に同じ人数でならんで正方形をつくると, ちょうど全員でならぶことができます。正三角形の 1 辺にならんだ人数は, 正方形の 1 辺にならんだ人数の 1.5 倍でした。正三角形にならんだグループの人数を求めなさい。

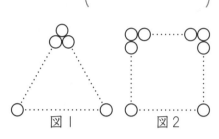

図1　図2

(16点)〔大阪教育大附属池田中〕

(   )

7 ある中学校の生徒会長選挙にAさん, Bさん, Cさんの 3 人が立候補しました。投票の結果, Aさんの得票数は全体の 40% で, Cさんの得票数はBさんの得票数の $\dfrac{5}{7}$ でした。また, AさんとCさんの得票数の差は 36 票でした。このとき, 無効票はありませんでした。 〔大谷中（京都）-改〕

(1) Cさんの得票数は全体の何%でしたか。(8点)

(   )

(2) 全体の得票数は何票でしたか。また, Bさんの得票数は何票でしたか。式と考え方もあわせて答えなさい。(12点)

(

15 損益算

1 2200円で仕入れた品物に2割5分の利益を見こんで定価をつけ，その定価の1割引きで売ったときの利益は何円ですか。 〔報徳学園中〕

（　　　　　　　　）

2 原価が2000円の商品に定価をつけてはん売していましたが，まったく売れなかったので，その定価の20％引きで売ることにしました。その結果，原価の8％の利益を得ることができました。定価は何円ですか。 〔片山学園中〕

（　　　　　　　　）

3 仕入れねに50％の利益を見こんで定価をつけました。定価の500円引きにして売ったので，売りねは1900円でした。仕入れねは何円でしたか。 〔賢明女子学院中〕

（　　　　　　　　）

4 ある品物に仕入れねの1割5分の利益を見こんで定価をつけましたが，売れなかったので定価の2割引きで売ったところ，384円の損をしました。この品物の定価はいくらですか。 〔桜美林中〕

（　　　　　　　　）

5 次のア〜ウにおいて，原価が一番高い品物はどれですか。また，その原価を答えなさい。

ア 定価750円の品物を1割引きで売ると5円の損失が出る品物。

イ 定価600円の品物を12%引きで売ると8円の利益が出る品物。

ウ 原価の3割増しの定価をつけて10%引きで売ったら102円の利益が出る品物。 〔広尾学園中〕

品物（　　　　　　　　）原価（　　　　　　　　）

6 ある品物に仕入れねの4割の利益を見こんで定価をつけましたが，売れなかったので200円引きで売ったら利益が120円でした。このとき，仕入れねは何円ですか。 〔西南学院中〕

（　　　　　　　　）

7 ある品物を定価の2割引きで売りましたが，仕入れねの2割の利益がありました。この品物の定価は仕入れねの何倍ですか。 〔関西学院中〕

（　　　　　　　　）

8 ある製品を作ると1個につき50円の利益がありますが，不良品が出ると1個につき110円の損失になります。100個作って4200円の利益があったとき，不良品は何個出ましたか。 〔大宮開成中〕

（　　　　　　　　）

1 ある品物を75円で200個仕入れ，仕入れねの2割増しの定価ですべてを売ると，何円の利益がありますか。(12点)　　　　　　　　　　　　　　〔育英西中〕

（　　　　　　　）

2 ある商品を1個60円で120個仕入れ，1個90円で売りましたが，何個か売れ残ったため，利益は2520円になりました。売れ残った個数は何個か答えなさい。(12点)　　　　　　　　　　　　　　　　　　　　　〔日本大豊山中－改〕

（　　　　　　　）

3 原価が1個600円の品物を何個か仕入れました。原価の2割5分の利益を見こんで定価をつけてはん売したところ，仕入れた個数の20％が売れ残り，売り上げは72000円でした。仕入れた個数は何個ですか。ただし，消費税は考えません。(12点)　　　　　　　　　　　　　　　　　　　　　　〔甲南中〕

（　　　　　　　）

4 ある品物を100個仕入れ，仕入れねの3割の利益を見こんで定価をつけて売ったところ，品物の7割が売れました。そこで，残りの品物を定価の2割引きの1300円で売ったところ，すべて売り切れました。このとき，この品物についての利益の合計は何円ですか。(12点)　　　　　　　　　　　〔江戸川女子中〕

（　　　　　　　）

5 あるスーパーでは，150個の商品を仕入れて30%の利益を見こんで定価をつけました。1日目は定価で売り，2日目から2割引いて1個624円で売ったところ，すべて売り切れ，全部で12180円の利益がありました。このとき，1日目に売れた個数は何個ですか。(12点)　　　　〔サレジオ学院中〕

（　　　　　　　　　）

6 ある商品を何個か仕入れ，原価の5割増しの定価をつけました。このとき，全体の $\frac{3}{5}$ だけ売れました。残りは定価の3割引きにして全部売ったら，全体では原価の何%の利益になりますか。(12点)　　　　〔湘南白百合学園中〕

（　　　　　　　　　）

7 ある店である商品を仕入れて，何円かの利益を見こんで定価をつけましたが，売れないのでね引きをして売ることにしました。定価の1割引きで売ると1300円の利益があり，定価の2割引きで売ると800円の利益があります。
　　　　〔武庫川女子大附中―改〕

(1) この商品の定価は何円ですか。(12点)

（　　　　　　　　　）

(2) この店では，ね引きをする割合が，1割引き，2割引き，3割引き……と1割ごとに決まっています。この商品をね引きして売ろうと思います。損をしないためには，最大何割引きまで引くことができますか。また，そのときの利益は何円ですか。式とことばで説明しなさい。(16点)

（

16 濃度算 (のうどざん)

標準クラス

1 6％の食塩水300gに水を何gか加えると，5％の食塩水になりました。水を何g加えましたか。

( )

2 5％の食塩水200gから，水を何gかじょう発させると，8％の食塩水ができました。水は何gじょう発させましたか。 〔帝塚山中〕

( )

3 4％の食塩水200gに40gの食塩と400gの水を加えると何％の食塩水ができますか。 〔桃山学院中〕

( )

4 5％の食塩水150gと9％の食塩水450gを混ぜ合わせると，何％の食塩水ができますか。 〔実践女子学園中〕

( )

5 5%, 12%, 13%の食塩水それぞれ 50 g, 120 g, 130 g と水を何 g か混ぜると, 10%の食塩水ができました。水は何 g 加えましたか。 〔関西学院中－改〕

(　　　　　　)

6 容器の中に 25%の食塩水が 100 g あります。この容器から 20 g の食塩水をぬきとり, 代わりに 20 g の水を入れるというそう作をします。 〔南山中男子部〕

(1) そう作を 1 回したときの濃度は何%になりますか。

(　　　　　　)

(2) このそう作を 3 回くり返した後の濃度は何%になりますか。

(　　　　　　)

7 4%の食塩水 200 g に濃度のわからない食塩水 300 g を混ぜると, 7%の食塩水ができました。混ぜた食塩水の濃度は何%ですか。 〔常翔啓光学園中〕

(　　　　　　)

8 10%の食塩水が 200 g あります。これに何 g の食塩を加えると, 20%の食塩水になりますか。

(　　　　　　)

16 濃度算（のうどざん）　→ ハイクラス

1 濃度（のうど）6%の食塩水 300 g と濃度がわからない食塩水 150 g と水 30 g を混（ま）ぜ合わせると，濃度 7.5 % の食塩水ができました。150 g の食塩水の濃度は何%でしたか。(14点)　　　　　　　　　　　〔高槻中〕

（　　　　　　　）

2 4 %の食塩水が 300 g，濃度のわからない食塩水が 400 g あり，この 2 つを混ぜ合わせた食塩水から 175 g の水をじょう発させると，8 %の食塩水になります。400 g の食塩水の濃度は何%でしたか。(14点)　　　　〔東京都市大付中〕

（　　　　　　　）

3 ビーカーの中に 3 %の食塩水がはいっています。これを熱して，濃度が 9 %になるまで水分をじょう発させました。次に，5 %の食塩水を 200 g 加えたところ，濃度が 5.8 % になりました。最初にビーカーの中にはいっていた食塩水は何 g ですか。(14点)　　　　　　　　　　　　　　　　〔武蔵中〕

（　　　　　　　）

4 3 %の食塩水 200 g に食塩水 A 100 g を加えてよくかき混ぜたところ，4 %の食塩水ができました。また，3%の食塩水 200 g に食塩水 B 200 g を加えてよくかき混ぜたところ，食塩水 A と同じ濃度になりました。このとき，食塩水 Bの濃度は何%か答えなさい。(14点)　　　　　　　〔関西大北陽中〕

（　　　　　　　）

5 3％の食塩水300gに濃さがわからない食塩水100gを混ぜ合わせてできた食塩水400gから200gを取り出し，10％の食塩水100gと混ぜ合わせると6％の食塩水ができました。はじめに何％の食塩水を混ぜましたか。(14点)

(　　　　　　　)

6 容器Aと容器Bにそれぞれちがう濃さの食塩水がはいっています。これらの食塩水に対して次のそう作を考えます。

そう作①：容器Aから取り出した100gの食塩水を容器Bに入れ，よくかき混ぜる。

そう作②：容器Bから取り出した100gの食塩水を容器Aに入れ，よくかき混ぜる。(30点/1つ10点)　　　　　　　　　　　　　　　　〔開明中〕

(1) 容器Aには16％の食塩水300g，容器Bには7％の食塩水200gがはいっている状態から，そう作①を行いました。容器Bの食塩水の濃さは何％になりますか。

(　　　　　　　)

(2) (1)の状態から，続けてそう作②を行いました。容器Aの食塩水の濃さは何％になりますか。

(　　　　　　　)

(3) 容器Aには16％の食塩水が300g，容器Bには200gの食塩水がはいっている状態から，そう作①，そう作②を続けて行うと，容器Aの食塩水の濃さが13％になりました。このとき，容器Bの食塩水の濃さは何％になりますか。

(　　　　　　　)

17 消去算

標準クラス

1 りんご2個とみかん3個を買うと480円，りんご4個とみかん2個を買うと640円です。りんご1個のねだんは何円ですか。

( )

2 2種類の商品A，Bがあります。Aを2個，Bを5個買うと9500円，Aを3個，Bを2個買うと7100円になります。このとき，AとBのそれぞれ1個のねだんを求めなさい。　〔浅野中〕

A ( )　B ( )

3 Aさんは大判のノート5さつと小判のノート3さつを買って，1260円はらいました。Bさんは大判のノート3さつと小判のノート5さつを買って，1140円はらいました。　〔関西学院中一改〕

(1) 大判のノート1さつのねだんは何円ですか。

( )

✎(2)「大判のノート1さつと小判のノート1さつの合計のねだんはいくらですか。」という問題があったとき，それぞれのノート1さつのねだんがわからなくても答えを求めることができます。その方法を説明しなさい。

( )

4 ある店で，Ａさんはノート５さつとボールペン３本を買って760円はらいました。Ｂさんはノート６さつとボールペン２本を買ったら，Ａさんより40円安く買えたそうです。ノート１さつとボールペン１本のねだんは，それぞれ何円ですか。

ノート（　　　　　　　）ボールペン（　　　　　　　）

5 ＡとＢの２種類のおもりがあります。Ａ５個とＢ４個のおもりの重さの合計は１kg225ｇです。Ａ１個の重さはＢ１個の重さより25ｇ軽いです。Ａ１個，Ｂ１個の重さはそれぞれ何ｇですか。

Ａ（　　　　　　　）Ｂ（　　　　　　　）

6 美術館に大人３人と子ども４人で行ったところ，入場料が全部で7500円でした。大人の入場料は子どもの入場料の２倍です。大人１人，子ども１人の入場料はそれぞれ何円ですか。

大人（　　　　　　　）子ども（　　　　　　　）

7 けんいちさんは，消しゴム１個とえん筆１本を買って130円はらいました。しんじさんは，えん筆１本とノート１さつを買って170円はらいました。げんぞうさんは，ノート１さつと消しゴム１個を買って200円はらいました。このとき消しゴム１個，えん筆１本，ノート１さつのそれぞれの金額を答えなさい。

〔南山中女子部〕

消しゴム（　　　　　　）えん筆（　　　　　　）ノート（　　　　　　）

17 消去算 → **ハイクラス**

1 3種類のチョコレートA，B，Cがあります。
　　かおるさんは，Aを1個，Bを2個，Cを1個買って600円支はらいました。
　　しずえさんは，Aを3個，Bを1個，Cを2個買って950円支はらいました。
　　なおこさんは，Aを2個，Bを3個，Cを3個買って1150円支はらいました。

(16点 /1つ8点)〔大阪薫英女学院中〕

(1) Aを1個，Bを1個，Cを1個買ったとき，支はらう金額はいくらになりますか。

(　　　　　　　)

(2) C1個のねだんはいくらですか。

(　　　　　　　)

2 りんご3個とみかん7個ともも5個を買うと代金の合計は1660円です。もも1個のねだんはみかん1個のねだんの2倍で，りんご1個のねだんはみかん1個のねだんより20円高いそうです。このとき，もも1個のねだんを求めなさい。(12点)

〔大阪信愛学院中〕

(　　　　　　　)

3 3種類のおもりA，B，Cがあります。BはAより20g重く，CはBより50g重いそうです。また，A2個，B3個，C4個を合わせた重さは1kg510gです。A，B，Cのおもり，それぞれ1個の重さは何gですか。(12点)

A (　　　　　) B (　　　　　) C (　　　　　)

4 A君, B君, C君の3人が算数のテストを受けました。3人の点数は, A君, B君, C君の順に低くなり, 2人ずつの合計点は, 160点, 142点, 136点でした。A君, B君, C君の点数はそれぞれ何点ですか。(15点)　　　　　〔久留米大附中〕

A君（　　　　　　　）　B君（　　　　　　　）　C君（　　　　　　　）

5 2500円持って花屋へ行きました。赤いバラ5本と白いバラ3本を買うと232円余ります。赤いバラ4本と白いバラ6本を買うと632円たりません。赤いバラ1本, 白いバラ1本のねだんはそれぞれ何円ですか。(15点)

赤いバラ（　　　　　　　）　白いバラ（　　　　　　　）

6 ガム4個, あめ3個, ポテトチップス2ふくろを買うと1194円, ガム3個あめ4個, ポテトチップス3ふくろを買うと1466円です。ポテトチップス1ふくろのねだんは, ガム1個とあめ1個のねだんの合計より28円高くなっています。ガム1個, あめ1個, ポテトチップス1ふくろ, それぞれのねだんは何円ですか。(15点)

ガム（　　　　　　）　あめ（　　　　　　）　ポテトチップス（　　　　　　）

7 プリン3個, ゼリー5個, ケーキ4個を買うと1290円です。Aさんはゼリーとケーキの数を逆にして買ったので, 代金の合計は1335円になりました。ケーキ1個のねだんはプリン1個のねだんより15円高くなっています。プリン, ゼリー, ケーキ, それぞれ1個のねだんは何円ですか。(15点)

プリン（　　　　　　）　ゼリー（　　　　　　）　ケーキ（　　　　　　）

チャレンジテスト⑤

1 公園の花だんにチューリップとサルビアを植える計画を立てました。チューリップを植える面積は花だん全体の40%として，残りの部分にサルビアの種をまくことになりました。
チューリップは予定どおり植えることができましたが，サルビアの種をまいているとちゅうで種がたりなくなり，サルビアを植える予定にしていた面積の3分の2しか種をまくことができず，残った $13\,m^2$ はそのままにすることにしました。公園の花だんの面積を求めなさい。(15点)　〔香川大附属高松中〕

（　　　　　　　　）

2 みちこさんは，全部で8000円のお年玉をもらいました。このうち，半分は貯金して，2480円のゲームと，1さつ400円の本を3さつ買い，残りのお金でおかしを買いました。みちこさんのお年玉の利用方法の割合を帯グラフに表すと，どのようになりますか。下のグラフを完成させなさい。ただし，消費税は商品のねだんにふくまれるものと考えます。(15点)　〔お茶の水女子大附中〕

```
0          50          100 (%)
|‖‖‖‖‖‖‖‖‖‖|‖‖‖‖‖‖‖‖‖‖|
┌──────────────┬──────────────────┐
│     貯金      │                  │
└──────────────┴──────────────────┘
```

3 夏休みの宿題が□問出ました。はじめの10日間で全体の $\frac{2}{9}$ と1問を解きました。次の10日間で，残りの $\frac{3}{8}$ と2問を解きました。さらに次の10日間で残りの $\frac{4}{7}$ と3問を解きました。すると，残りは54問となりました。□にあてはまる数を求めなさい。(15点)　〔フェリス女学院中〕

（　　　　　　　　）

4 A，B，Cの3種類のおかしがあります。それぞれ1個のねだんは，BはAより24円高く，BはCより15円安くなっています。Aを5個，Bを7個，Cを6個買うと，その代金は960円でした。C1個のねだんは何円ですか。(15点)

（　　　　　　　　）

5 A，B，Cの3つの容器があり，Aには8％の食塩水が300g，Bには水が150g，Cには濃度のわからない食塩水が200gはいっています。
(20点/1つ10点)〔立命館宇治中〕

(1) Aの容器からBの容器に食塩水を何gか移した後，Aの容器を火にかけて水をすべてじょう発させたところ4gの食塩が残りました。Aの容器からBの容器に移した食塩水は何gですか。

（　　　　　　　　）

(2) (1)の後さらに，Bの容器からCの容器に160gの食塩水を移したところ，Cの容器の食塩水の濃度は10％になりました。最初にCの容器にはいっていた食塩水の濃度は何％ですか。

（　　　　　　　　）

6 ある文具店が原価60円のえん筆を1000本仕入れ，原価の2割の利益を見こんだ定価をつけ，すべてのえん筆を売る計画を立てました。ところが仕入れたえん筆の $\frac{1}{5}$ にキズがついていたので，キズがついていたえん筆は原価の8割で売り，利益を得るために残り $\frac{4}{5}$ のえん筆は新しい定価をつけて売りました。1000本すべてのえん筆を売ったところ，原価の2割の利益を見こんだ最初の計画と同じ売上額になりました。(20点/1つ10点)　〔神奈川学園中一改〕

(1) キズがついたえん筆を売った売上額はいくらですか。

（　　　　　　　　）

(2) キズがついていないえん筆に新しくつけた定価は，原価の何割の利益を見こんだ定価ですか。

（　　　　　　　　）

チャレンジテスト⑥

1 ある店では，果物を合わせて 10 個以上買うと 1 割引きになります。この店では，みかん 5 個とりんご 4 個を買うと 880 円です。また，みかん 10 個とりんご 5 個を買うと 1260 円です。1 個のねだんは，みかんとりんごそれぞれいくらですか。(20点)　　　　　　　　　　　　　　　　　　　　　　　　　　　〔獨協中〕

みかん（　　　　　　　　）りんご（　　　　　　　　）

2 商品Aを売ることを考えます。はじめ，商品Aの仕入れねの 25 ％が利益となるように，売りねを決めました。(30点 / 1つ 10点)　　　　　〔フェリス女学院中－改〕

(1) 売りねが仕入れね以上となるようなね引きを考えます。売りねの何％までね引きできますか。

（　　　　　　　　）

(2) 商品Aを 1 セット 10 個入りで売っていました。1 セットの売りねは，はじめの売りねの 10 個分の金額でした。1 セットの売りねはそのままにして，1 セットの商品Aの個数を増やして売るサービスを考えます。利益が出るようにするには，1 セットにあと何個まで増やすことができますか。

（　　　　　　　　）

(3) 商品Aを 1 セット 20 個入りで売ることにします。1 セットの売りねは，はじめの売りねの 18 個分の金額をさらに 6 ％ね引きしたものです。商品Aの 1 個あたりの利益は，1 個あたりの仕入れねの何％ですか。

（　　　　　　　　）

3 太郎君は旅行を計画しました。全体の予算の $\frac{3}{5}$ を交通費にして，実際に旅行に行ったところ，交通費は予定の $\frac{4}{3}$ 倍かかり，その他の費用は予定より 2100円少なくすみました。その結果，全体の費用は予算の $\frac{9}{8}$ 倍になりました。はじめの予算は何円ですか。(20点)　　　　　　　　　　　　　　〔青山学院中〕

（　　　　　　　）

4 濃さが3％の食塩水200gに濃さが9％の食塩水400gを混ぜました。

(30点/1つ10点)〔雲雀丘学園中〕

(1) できた食塩水の濃さを求めなさい。

（　　　　　　　）

(2) できた食塩水から水をいくらかじょう発させたところ，濃さが10％の食塩水ができました。じょう発させた水の重さを求めなさい。

（　　　　　　　）

(3) (2)でできた10％の食塩水から，84gをすて，代わりに同じ量の水を入れてよくかき混ぜました。さらにこの食塩水から，84gをすて，代わりに同じ量の水を入れてよくかき混ぜました。このようにしてできた食塩水の濃さを求めなさい。

（　　　　　　　）

18 速 さ

標準クラス

1 次の◯◯にあてはまる数を求めなさい。

(1) 時速 ① km＝ 分速 90 m＝ 秒速 ② m

① (   ) ② (   )

(2) 10 秒で 50 m 走る人の速さは時速◯◯km です。

(   )

2 次の◯◯にあてはまる数を求めなさい。

(1) 5 分間に 325 m 歩く人が，1 時間歩いた道のりを自動車で行くと 6 分かかりました。この自動車の速さは時速◯◯km です。〔甲南女子中〕

(   )

(2) ◯◯km の道のりを最初の $\frac{3}{5}$ は毎時 3 km で，残りの $\frac{2}{5}$ は毎時 4 km で歩いたら，3 時間 36 分かかりました。〔帝塚山中〕

(   )

3 片道 1.2 km のきょりを往復するのに，行きは毎分 60 m の速さで行きました。全体で 44 分かかったとすると，帰りの速さは毎分何 m ですか。〔賢明女子学院中〕

(   )

4 A，B2人が100m競走をしました。Aがゴールしたとき，Bはゴールの手前20mのところにいました。Bは100mを18秒で走りました。Aは100mを何秒で走りましたか。　〔奈良女子大附中〕

(　　　　　　　)

5 18kmはなれたA，B間を，行きは時速12km，帰りは時速6kmで往復しました。このとき，平均の速さは時速何kmですか。　〔近畿大附中〕

(　　　　　　　)

6 けんたさんは2時間55分で完走する予定で30km走にちょう戦しましたが，20km走った時点で出発してから2時間5分経過していることに気がつきました。予定時間で完走するためには速さをそれまでの何倍にする必要がありますか。　〔筑波大附中〕

(　　　　　　　)

7 右のグラフは，P駅から30kmはなれたQ駅へ向かう特急列車と普通列車の時間ときょりの関係を表したものです。特急列車は，普通列車が出発した12分後にP駅を出発し，P駅から18kmはなれたとちゅうの駅で普通列車を追いこしました。　〔共立女子第二中〕

(1) 特急列車はP駅を出発してから何分後にQ駅に着きますか。

(　　　　　　　)

(2) 普通列車が特急列車の10分後にQ駅に着いたとすると，とちゅうの駅で何分間停車したことになりますか。

(　　　　　　　)

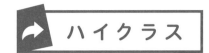
1 家から駅まで分速45mの速さで歩くと，予定の時こくより6分おくれて着き，分速63mの速さで歩くと予定の時こくより2分早く着きます。家から駅までのきょりは何mですか。(10点)　〔関西大中〕

(　　　　　　　)

2 みほさんが家から駅まで歩くのに，いつもは24分かかります。ある日急いでいたので，いつもより毎分20m速く歩いたら18分で着きました。家から駅までの道のりを求めなさい。(10点)　〔金光学園中〕

(　　　　　　　)

3 A市からB町まで300kmの道のりを自動車で行くことにしました。一般道は時速20km，高速道路は時速80kmで計算した所要時間は5時間6分です。
(30点/1つ10点)〔芝中〕

(1) 一般道の道のりは何kmですか。

(　　　　　　　)

(2) 一般道は時速20kmで行くとき，所要時間を18分短くするには，高速道路は時速何kmで行けばよいですか。

(　　　　　　　)

(3) 実際には，一般道は時速20kmで行けましたが，高速道路は一部混んでいたので，時速80kmで何kmか走り，残りを時速60kmで進んだところ，所要時間は5時間20分になりました。時速80kmで走ったのは何kmですか。

(　　　　　　　)

4 A駅とB駅の間を時速40kmで往復する直通バスと，A駅とB駅の間でC駅を経由して往復する経由バスがあります。どちらのバスも駅に着くと3分停車してから発車します。A駅とC駅の間のきょりは8km，B駅とC駅の間のきょりは7kmです。6時に2台のバスは同時にA駅を発車し，6時39分にはじめて直通バスはA駅にもどってきました。

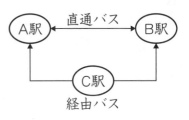

〔関西大倉中－改〕

(1) A駅とB駅の間のきょりは何kmですか。(10点)

(　　　　　　)

(2) 直通バスがはじめてA駅にもどってから20分後に，経由バスがはじめてA駅にもどってきました。経由バスの速さは時速何kmですか。(15点)

(　　　　　　)

5 加藤さんたちがあるハイキングコースを歩きました。最初は予定通りに分速60mで歩いていましたが，分き点Aでコースをまちがえてしまいました。とちゅうで気がつき，折り返して分き点Aにもどってきたところ，往復10分かかってしまいました。そのため，もとのコースにもどった後は歩く速度を分速80mにあげたところ，予定通りに1時間半で目的地に着きました。〔日本大藤沢中〕

(1) ハイキングコースは何kmですか。(10点)

(　　　　　　)

(2) 分速80mで歩いた道のりは何mですか。(15点)

(　　　　　　)

85

19 旅人算

標準クラス

1 １周 3200 m の遊歩道の同じ地点に A さんと B さんがいます。A さんが分速 60 m で歩き始めてから９分後に，B さんが分速 80 m で A さんと反対回りに歩き始めました。２人がはじめて出会うのは，B さんが歩き始めてから何分後ですか。

〔松蔭中(兵庫)〕

(   )

2 1500 m ある公園のまわりを，A さんと B さんがおたがいに逆方向に回ります。A さんは B さんより毎分 20 m 多く進みます。同じ地点から同時に出発し，最初に２人が出会ったのは６分後でした。 〔昭和学院中〕

(1) A さんは，B さんと最初に出会うまで，何 m 進みましたか。

(   )

(2) A さんの速さは分速何 m ですか。

(   )

3 池のまわりを１周する道があります。この道のある地点から午前９時に姉が歩き始め，同じ地点から，５分後に妹が反対の向きに歩き始めました。２人は午前９時 11 分にはじめて出会いました。姉は毎分 90 m，妹は毎分 60 m の速さで歩き続けるとき，２人が２回目に出会うのは，午前何時何分ですか。 〔清教学園中〕

(   )

4 ある池のまわりを1周するのに，かけるさんは20分，あゆみさんは30分かかります。

(1) 2人が同じ場所から反対向きに出発すると，出発してから何分後にすれちがいますか。

（　　　　　　　　）

✎(2) このまま2人が進みつづけると，2人は何回もすれちがいますが，すれちがうのは5か所だけです。その理由を説明しなさい。

（　　　　　　　　　　　　　　　　　　　　）

5 兄が分速60mの速さで家から駅へ向かって歩いて行きます。兄の出発から5分後に弟は分速80mの速さで兄を追いかけました。弟が出発してから何分後に兄に追いつくか答えなさい。　　　　　　　〔立命館中〕

（　　　　　　　　）

6 兄と弟は時速3kmで，家から図書館に向けて同時に出発しました。5分後に兄がわすれ物に気づき，同じ速さで家にもどり，再び時速5kmで弟を追いかけたところ，同時に図書館に着きました。　　　　〔雲雀丘学園中－改〕

(1) 兄がわすれ物を取ってから図書館に着くまでにかかった時間は何分ですか。ただし，わすれ物を取っている時間は考えないものとします。

（　　　　　　　　）

(2) 家から図書館までのきょりは何kmですか。

（　　　　　　　　）

19 旅人算

→ ハイクラス

1 池のまわりに１周900ｍの道があります。この道をＡ君，Ｂ君，Ｃ君の３人が一定の速さで同じ地点から走ります。Ａ君とＢ君は同じ向きに，Ｃ君は２人とは反対の向きに走ります。Ａ君は分速240ｍの速さで走り，Ａ君はＢ君に９分ごとに追いこされ，Ｂ君とＣ君は１分48秒ごとにすれちがいます。

(20点/1つ10点)〔甲南中〕

(1) Ｂ君の速さを求めなさい。

（　　　　　　　　）

(2) Ａ君とＣ君は何分何秒ごとにすれちがいますか。

（　　　　　　　　）

2 一郎君は毎分90ｍの速さで歩いて，花子さんは毎分120ｍの速さで自転車に乗って，ＡからＢに向かうことにしました。花子さんはＡを出発して，ＡからＢまでの道のりのちょうど $\frac{1}{3}$ の地点でわすれ物に気づいてＡにもどり，わすれ物を取ってすぐにＢに向かいました。一郎君は，花子さんがはじめにＡを出発してから14分後にＡを出発して，花子さんと１度すれちがい，花子さんと同時にＢに着きました。(20点/1つ10点)　　　　　〔海城中〕

(1) ＡからＢまでの道のりを求めなさい。

（　　　　　　　　）

(2) 一郎君がＡを出発してから花子さんとすれちがうまでに何分かかりましたか。

（　　　　　　　　）

3 A君とB君が100mダッシュを往復10本することにしました。2人とも一定の速さで往復します。ダッシュ後はいつも10秒間休んでから次のダッシュをします。右のグラフはA

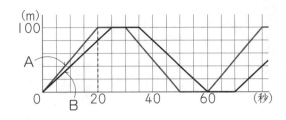

君とB君が同時にスタートしてからの時間とスタート地点からのきょりの関係を表したものです。A君とB君が2人とも走っている状態ではじめてすれちがうのは，スタートしてから何分何秒後ですか。ただし，わり切れないときは1秒未満は切りすてて答えなさい。(20点)　　　　　　〔京都橘中－改〕

　　　　　　　　　　　　　　　　　　　　　（　　　　　　　）

4 毎時56kmで走る列車がA駅を出発し，B駅にとう着後しばらく停車して，再びA駅にもどります。また，A駅とB駅の間には，線路と平行に自転車専用道路があります。ある人が自転車に乗って，毎時20kmでA駅からB駅まで行きました。自転車の出発後，9時に列車がA駅を出発し，9時5分に自転車に追いつきました。(40点/1つ10点)　　　　　　　　〔清泉女学院中〕

(1) 自転車は何時何分にA駅を出発しましたか。

　　　　　　　　　　　　　　　　　　　　　（　　　　　　　）

(2) 列車がB駅に着いたとき，自転車はB駅まで6kmのところにいました。A駅からB駅までの道のりは何kmですか。

　　　　　　　　　　　　　　　　　　　　　（　　　　　　　）

(3) 列車が自転車に追いついてから17分30秒後に，列車と自転車がすれちがいました。B駅から何kmのところですれちがいましたか。

　　　　　　　　　　　　　　　　　　　　　（　　　　　　　）

(4) 列車はB駅で何分何秒停車しましたか。

　　　　　　　　　　　　　　　　　　　　　（　　　　　　　）

答え ▶ 別さつ36ページ

20 流水算

1 ある川を上流に向かって毎分112mで進み，下流に向かって毎分176mで進む船があります。 〔金蘭千里中－改〕

(1) この川の流れの速さは，毎分何mですか。

(   )

(2) この船は静水では毎分何mの速さで進みますか。

(   )

2 川の上流のA地点と下流のB地点から，2つの船が同時に，おたがいのほうに向かって進み始めました。2つの船が出発してからすれちがうまでの時間は，川の流れの速さに関係なく一定です。その理由を説明しなさい。

(   )

3 モーターボートで川の下流のA地点から，10kmはなれた川の上流のB地点まで往復しました。上りは20分かかりましたが，それは帰りの1.6倍の時間でした。このとき，川の流れの速さは分速何mですか。 〔帝塚山学院泉ヶ丘中－改〕

(   )

4 川下のA地点とそこから12kmはなれた川上のB地点を船が往復しました。右のグラフはA地点を出発してからの時間ときょりの関係を表したものです。このとき次の ☐ にあてはまる数を求めなさい。

〔学習院中〕

(1) 船がB地点からA地点へ進んだときの速さは時速 ☐ km です。

( )

(2) この船が静水を進む速さは時速 ☐ km です。

( )

(3) この川の流れる速さは時速 ☐ km です。

( )

5 川上にある北市と川下にある南市は, 川にそって56kmはなれています。南市から北市へ, 静水時の速さが時速12kmの船が出発しましたが, とちゅうでエンジンが故しょうしました。修理して20分後に再び北市へ向かったところ, 北市に着いたのは南市を出発してから6時間後になりました。

(1) エンジンが故しょうしていたときの船の速さと向きをことばで答えなさい。

速さ ( ) 向き ( )

(2) 川の流れの速さは時速何kmですか。

( )

20 流水算 ➡ ハイクラス

1 あきらさんとたかしさんの2人は，静かな水面上では，ボートをそれぞれ時速6.5 km，時速9.5 kmでこぐことができます。いま，あきらさんが川上の町を，たかしさんが川下の町を，同時に向かい合って出発すると，30分後に出会います。また，たかしさんがあきらさんに出会ってから川上の町に着くまでに50分かかります。 〔開明中—改〕

(1) 川上の町と川下の町は何kmはなれていますか。(6点)

(　　　　　　　)

(2) この川の流れは時速何kmですか。また，あきらさんがたかしさんに出会ってから川下の町に着くまでには，何分かかりますか。(10点 / 1つ5点)

時速(　　　　　)(　　　　分)

2 川にそって川下から順にA町，B町，C町があります。A町とB町は45 km，A町とC町は64 kmはなれています。右のグラフは，速さのことなるボートP，Qが川を上ったり下ったりした

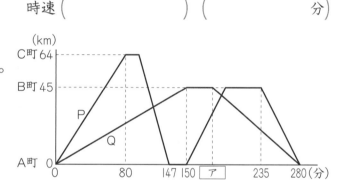

ようすを表しています。ボートP，Qの静水での速さはそれぞれ一定で，川の流れの速さも一定です。(24点 / 1つ8点) 〔城北中〕

(1) ボートPの静水での速さは時速何kmですか。

(　　　　　　　)

(2) グラフの ア にあてはまる数を求めなさい。

(　　　　　　　)

(3) ボートP，Qが2回目に出会ったのは，A町から何kmのところですか。

(　　　　　　　)

3 A君は，流れのないプールでは分速 72 m で泳ぎます。ある日，A君はB君をさそって 1 周 280 m の流れるプールに行きました。まず，軽いボールをうかべてみたところ，ちょうど 10 分でボールはプールを 1 周しました。次に，A君は流れと同じ向きに，B君は流れと逆向きに，同じ場所から同時に泳ぎ始めたところ，A君とB君は 2 分後に出会いました。A君，B君の泳ぐ速さ，また，プールの流れる速さは一定です。(30点/1つ10点)　　　　　　　　　　〔清風中一改〕

(1) プールの流れる速さは分速何 m ですか。

（　　　　　　　　　　）

(2) A君が流れと同じ向きに泳いだとき，1 周するのに何分何秒かかりますか。

（　　　　　　　　　　）

(3) B君は流れのないプールでは分速何 m で泳ぎますか。

（　　　　　　　　　　）

4 ある川の上流にあるA地点から 42 km はなれた下流のB地点の間を，P，Q2 せきの船が往復しています。PとQの船は，静水では一定の同じ速さで進みます。午前 9 時に，Pの船はA地点からB地点に，Qの船はB地点からA地点に向かって出発し，両方の船はいずれもとう着した地点で 20 分間の休みをとり，再び，もとの地点に向かって出発します。下りの速さは上りの速さの $\frac{4}{3}$ 倍です。上りの速さは時速 18 km です。(30点/1つ10点)　　　　　　　　　　〔明治大付属明治中一改〕

(1) この川の流れの速さは，時速何 km ですか。

（　　　　　　　　　　）

(2) PとQの船がはじめてすれちがうのは，B地点から何 km のところですか。

（　　　　　　　　　　）

(3) PとQの船が 3 回目にすれちがうのは，午後何時何分ですか。

（　　　　　　　　　　）

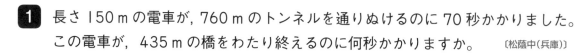

答え ▶ 別さつ38ページ

1 長さ150mの電車が，760mのトンネルを通りぬけるのに70秒かかりました。この電車が，435mの橋をわたり終えるのに何秒かかりますか。 〔松蔭中(兵庫)〕

(　　　　　　)

2 電柱のそばを12秒で通り過ぎた列車が，長さ2376mのトンネルを通過するのに，最後尾がトンネルにはいってから先頭がトンネルから出るまでにちょうど2分かかりました。この列車の長さは何mですか。 〔金蘭千里中〕

(　　　　　　)

3 長さ150mの電車が電柱を通過するのに5秒かかりました。この電車が同じ速さで鉄橋をわたり始めてからわたり終えるまでに，13秒かかりました。鉄橋の長さは何mですか。

(　　　　　　)

4 時速90kmの特急電車が鉄橋を24秒で通過し，時速72kmの急行電車は29秒で通過しました。特急電車は急行電車より何m長いですか。 〔神戸海星女子学院中〕

(　　　　　　)

5 200 m の列車 A がトンネルにはいり始めてから完全にぬけるまでに，40 秒かかります。長さ 280 m の列車 B が列車 A の半分の速さでトンネルにはいり始めてから完全にぬけるまでに，90 秒かかります。 〔大阪桐蔭中－改〕

(1) 列車 A の速さは秒速何 m ですか。

(   )

(2) トンネルの長さは何 m ですか。

(   )

6 秒速 20 m，長さ 125 m の列車 A が，長さ 150m の列車 B に追いつかれてから追いこされるまでに 55 秒かかりました。列車 B の速さは秒速何 m ですか。

(   )

7 ある電車が 750 m の鉄橋をわたり始めてから，わたり終えるまでの時間は 35 秒でした。また，同じ速さで 1050 m のトンネルを通過するとき，電車がまったく見えない時間は 40 秒でした。この電車の速さは毎秒何 m ですか。 〔金城学院中〕

(   )

8 長さ 128 m，時速 81 km の上り特急電車と，時速 63 km の下り快速電車が出会ってから，完全にはなれるまで 7 秒かかりました。この下り快速電車の長さは何 m ですか。 〔明治大付属中野中〕

(   )

21 通過算

ハイクラス

1 Aさんは線路にそった道を分速 90 m で歩いています。ただし，Aさんの体の大きさは考えないものとします。(16点/1つ8点) 〔同志社国際中〕

(1) 長さ 144 m の列車が時速 59.4 km で A さんの前からやってきました。この列車が A さんの横を通り過ぎるのに何秒かかりますか。

(　　　　　　　)

(2) 同じ長さの列車が A さんの後ろからやってきて，A さんを 9 秒かかって追いこしました。この列車の速さは時速何 km ですか。

(　　　　　　　)

2 ある列車がふみ切りで立っている人の前を通過するのに 10 秒かかり，長さ 1000 m のトンネルにはいり始めてから出終わるまでに 1 分かかります。

(24点/1つ8点) 〔東海大付属大阪仰星高中〕

(1) この列車の速さは秒速何 m ですか。

(　　　　　　　)

(2) この列車の長さは何 m ですか。

(　　　　　　　)

(3) この列車は，反対方向から時速 108 km で走る急行列車とすれちがい始めてからすれちがい終わるまでに 9 秒かかりました。急行列車の長さは何 m ですか。

(　　　　　　　)

3 時速 90 km の速さで進む列車がトンネルにはいってぬけるとき，列車全体が
トンネルに完全にはいっていた時間は 48 秒でした。この列車が鉄橋をわたり
始めてからわたり終わるまでに 30 秒かかりました。トンネルの長さは鉄橋の
長さのちょうど 2 倍です。(30点 / 1つ 10点)　〔和歌山信愛女子短大附中－改〕

(1) 全体がトンネルの中にかくれていた間に，列車は何 m 進みますか。

　　　　　　　　　　　　　　　　　　　　　（　　　　　　　　）

(2) 鉄橋の長さは何 m ですか。

　　　　　　　　　　　　　　　　　　　　　（　　　　　　　　）

(3) 列車の長さは何 m ですか。

　　　　　　　　　　　　　　　　　　　　　（　　　　　　　　）

4 ある路線で走っている列車はすべて車両の長さが 1 両 20 m で，車両間の連結
部分の長さは一定です。この路線には貨物列車と 11 両編成の普通列車が走っ
ており，どちらも車両の数にかかわらずそれぞれ一定の速さで走っています。
普通列車が反対の向きに走っている 16 両編成の貨物列車とすれちがい始めて
からすれちがい終わるまで 14 秒かかりました。また，普通列車が同じ向きに
走っている 16 両編成の貨物列車に追いついてから追いぬくまで 70 秒かかり
ました。(30点 / 1つ 10点)　〔早稲田中－改〕

(1) 普通列車の速さは貨物列車の速さの何倍ですか。

　　　　　　　　　　　　　　　　　　　　　（　　　　　　　　）

(2) 普通列車が同じ向きに走っている 11 両編成の貨物列車に追いついてから追い
　　ぬくまで 57 秒かかりました。車両間の連結部分の長さは何 cm ですか。

　　　　　　　　　　　　　　　　　　　　　（　　　　　　　　）

(3) ある日，同じ向きに走っている普通列車と貨物列車が 1500 m の橋を同時にわ
　　たり始めました。普通列車がわたり終わってから，貨物列車がわたり終わるま
　　で 62 秒かかりました。この貨物列車は何両編成でしたか。

　　　　　　　　　　　　　　　　　　　　　（　　　　　　　　）

22 時計算

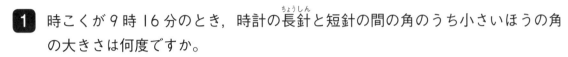

標準クラス

1 時こくが9時16分のとき，時計の長針と短針の間の角のうち小さいほうの角の大きさは何度ですか。

(   )

2 5時から6時までの間で，時計の長針と短針が重なるのは，5時何分ですか。

(   )

3 2時から3時までの間で，時計の長針と短針が一直線になって，反対方向を指すのは，2時何分ですか。

(   )

4 5時から6時までの間で，時計の長針と短針のつくる角度が直角になる2つの時こくを求めなさい。

(   ) (   )

5 11時30分から12時30分までの1時間のうち，長針と短針のつくる角の大きさが99°以下になっているのは何分間ですか。　〔実践女子学園中〕

（　　　　　）

6 3時から4時までの間で，時計の長針と短針のつくる角度が108°になるのは，3時何分ですか。

（　　　　　）

7 2時から3時までの間で，時計の短針と長針の間の角度が149°になる2つの時こくを求めなさい。　〔桃山学院中－改〕

（　　　　　）（　　　　　）

8 4時から5時までの間で，右の図のように12時と6時を結んだ線と長針，短針それぞれとの角が等しくなるのは4時何分ですか。

（　　　　　）

22 時計算 ➡ ハイクラス

1 右の図のように，10時までしかない特別な時計があります。ふつうの時計と同じように1時間は60分とし，短針は1時間で1から2へと進み，長針は1時間で1周します。今，この時計は3時を指しています。4時までの間で，短針と長針が重なるのは何分後かを，次のように求めました。（　）にあてはまる数を答えなさい。(24点/1つ3点)　〔女子美術大付中〕

(考え方)

短針は10時間で（ ア ）度進むので，1時間では（ ア ）÷10＝（ イ ）(度)，1分間では（ イ ）÷（ ウ ）＝（ エ ）(度)進みます。

長針は1時間で（ ア ）度進むので，1分間では（ ア ）÷（ ウ ）＝（ オ ）(度)進みます。

よって，短針と長針は1分間で（ オ ）－（ エ ）＝（ カ ）(度)ずつ，針の角度がちぢまります。

今，この時計は3時を指しているので，短針と長針は（ キ ）度はなれているので，針が重なるのは，（ キ ）÷（ カ ）＝（ ク ）(分後)とわかります。

ア（　　　　）イ（　　　　）ウ（　　　　）エ（　　　　）

オ（　　　　）カ（　　　　）キ（　　　　）ク（　　　　）

2 和夫さんは休日になると，お父さんと散歩に行きます。この日，散歩に行く前に時計を見ると正午を何分か過ぎたところでした。散歩からもどって時計を見ると，午後2時を何分か過ぎていましたが，時計の長針と短針の位置は，散歩に行く前に見たときとちょうど入れかわっていました。和夫さんが散歩に行く前に時計を見た時こくを求めなさい。(16点)　〔暁星中〕

（　　　　　　　　）

3 午後１時から午後６時までの間の時計の長針と短針について，次の問いに答えなさい。 〔カリタス女子中一改〕

(1) 長針と短針は何回重なりますか。(8点)

( )

(2) 長針と短針が２回目に重なるのは午後何時何分ですか。(8点)

( )

(3) 例えば，１時23分という時こくは，１時間23分という時間に直すことができるとします。このとき，長針と短針が重なる時こくのすべてを時間に直してたすと何時間何分になりますか。(12点)

( )

4 時計が今２時何分かを指しています。そして，４分30秒後には，長針が今の短針の位置にきます。今，２時何分ですか。(16点) 〔ラ・サール中〕

( )

5 ２時のときの長針と２時（ ア ）分のときの長針がつくる角を，２時（ ア ）分のときの短針が２等分します。（ ア ）にあてはまる数を答えなさい。

(16点)〔智辯学園奈良カレッジ中一改〕

( )

1　駅から水族館まで10分おきにバスが運行しています。バスは駅を出発して時速24kmで水族館まで行き，5分間停車した後再び駅へ時速30kmでもどってきます。下のグラフはバスが駅を出発してからの時間とそれぞれのバスの駅からのきょりの関係を表したものです。（30点/1つ10点）〔東海大付属大阪仰星高中〕

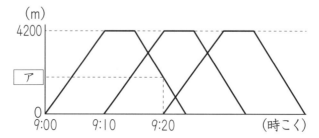

(1) 9時発のバスが駅にもどってくるのは何時何分何秒ですか。

（　　　　　　　　）

(2) ｜ ア ｜にあてはまる数字は何ですか。

（　　　　　　　　）

(3) 9時発のバスと，9時20分発のバスがすれちがうのは何時何分何秒ですか。

（　　　　　　　　）

2　池のまわりにある1周420mの道をA，B，Cの3人がそれぞれ一定の速さで歩いて回ります。この道のある地点を3人が同時に同じ向きに出発しました。出発してから4分40秒後にはじめてAがCを追いこし，出発してから8分24秒後にはじめてAがBを追いこしました。はじめてBがCを追いこすのは出発してから何分何秒後ですか。（20点）〔甲陽学院中－改〕

（　　　　　　　　）

3 川の上流にA町，下流にB町があり，2つの町は36kmはなれています。A町からB町へ船Pが，B町からA町へ船Qが同時に出発したところ，出発してから1時間48分後にすれちがいました。また，船Qは出発してから4時間30分後にA町にとう着しました。船PがB町にとう着するのは，出発してから何時間後ですか。ただし，船P，Qの静水時の速さは同じであるものとします。

〔20点〕〔国府台女子学院中〕

(   )

4 A地点とB地点を両はしとするジョギングコースを，春子さんと夏子さんがそれぞれ1往復します。春子さんはA地点を，夏子さんはB地点を同時に出発したところ，春子さんが先にゴールしました。下のグラフは，2人が出発してからの時間と，2人の間のきょりの関係を表したものです。

〔武庫川女子大附中〕

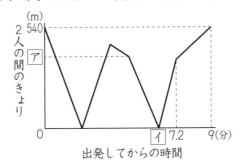

(1) 春子さんと夏子さんの走る速さは，それぞれ分速何mですか。(10点/1つ5点)

春子(   )　夏子(   )

(2) アにあてはまる数は何ですか。(10点)

(   )

(3) イにあてはまる数は何ですか。(10点)

(   )

時 間	35分	得 点
合 格	80点	点

1 長針が左回りに1時間で1周し，短針が右回りに12時間で1周するかわった時計があります。長針と短針でできる角の大きさは180°以下で考えるものとします。ただし，答えがわり切れない場合は分数で答えなさい。

(24点/1つ12点)〔東邦大付属東邦中－改〕

(1) 図1の時計の長針は12，短針は1を指しています。このあと，はじめて長針と短針が重なるのは何分後か求めなさい。

( ) 図1

(2) 図2の時計の長針は12，短針は2を指しています。このあと，はじめて長針と短針でできる角の大きさが60°になるのは何分後か求めなさい。

( ) 図2

2 時速72kmで走っている上り電車と，時速108kmで走っている下り電車があり，上り電車はA地点を9秒間で通過します。また，上り電車と下り電車が出会ってから，完全にはなれるまでに8秒間かかります。〔明星中(大阪)－改〕

(1) 上り電車の長さと下り電車の長さは，それぞれ何mですか。(12点/1つ6点)

上り( ) 下り( )

(2) 上り電車がA地点にさしかかってから通過し終わる前に，下り電車がA地点にさしかかりました。A地点の前を電車が通過している時間は16秒間でした。下り電車がA地点にさしかかったのは，上り電車がA地点にさしかかってから何秒後でしたか。(12点)

( )

③ 生徒が一列にならんで歩いています。先頭の生徒から一番後ろの生徒までの長さは 100 m です。先生が，その列の先頭から一番後ろまで走ったところ，20 秒かかりました。そのあと，同じ速さで一番後ろから先頭まで走ったところ，40 秒かかりました。先生の走る速さは分速何 m ですか。(16 点)　　　〔吉祥女子中－改〕

(　　　　　　　)

④ 川にそって 5760 m はなれた下流の A 町と上流の B 町を船で往復しました。9 時に A 町を出発しましたが，とちゅうでエンジンが 40 分間故しょうしたため川に流されました。下のグラフはそのときの様子を表しています。

(36 点 / 1 つ 12 点)〔三田学園中〕

(1) 川の流れの速さは，分速何 m ですか。

(　　　　　　　)

(2) 往復して，A 町に着いたのは何時何分ですか。

(　　　　　　　)

(3) とちゅうでエンジンが故しょうした時間が 40 分間ではなく，60 分間とします。往復して(2)と同じ時こくに A 町に着くために，B 町から A 町へもどるときだけ，船の速さを変えました。B 町から A 町にもどるときの船の静水時の速さを，分速何 m にすればよいですか。

(　　　　　　　)

答え▶別さつ45ページ

23 合同な図形

標準クラス

1 次の三角形の中から合同なものを組み合わせなさい。

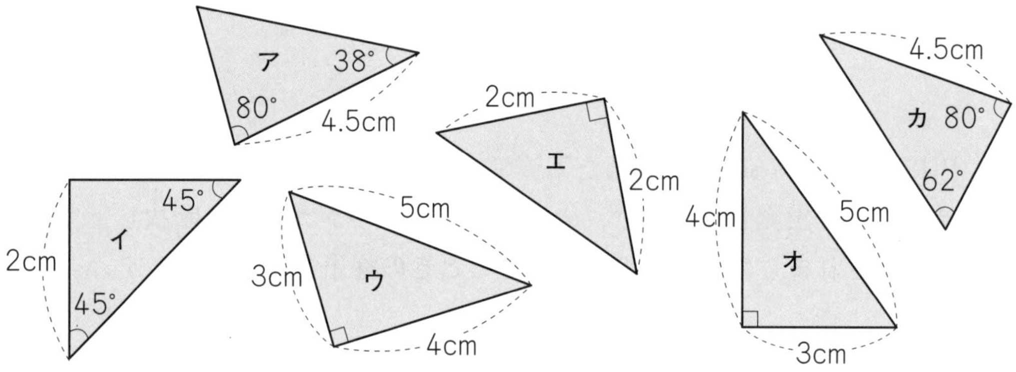

(　　　　　　　　　　　　)

2 下の㋐の三角形と合同な三角形を辺 AB を基準（きじゅん）にそれぞれ完成させなさい。

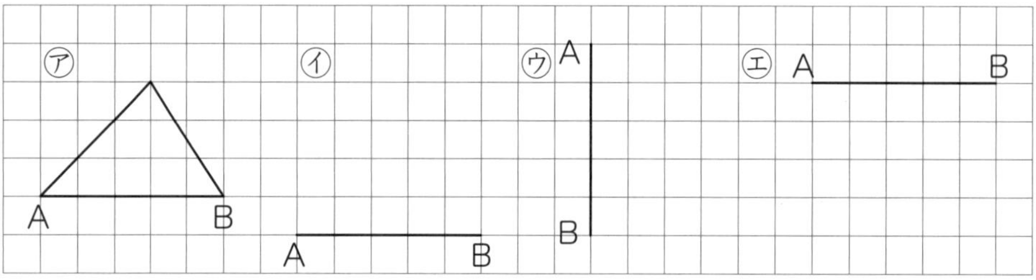

（ずらす）　（回す）　（うら返す）

3 次の 2 つの図形は合同といえますか。その理由も書きなさい。

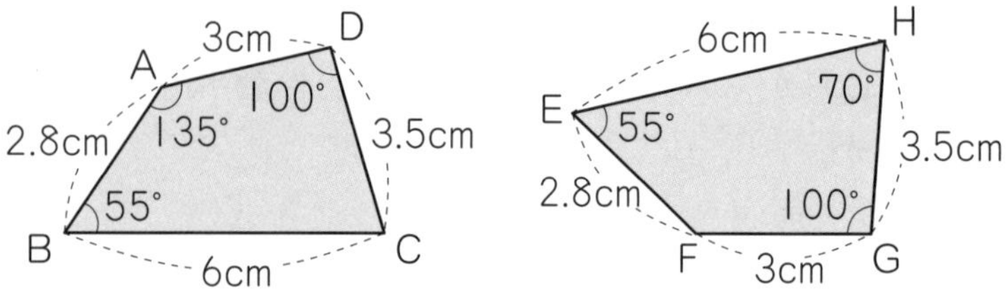

(　　　　　　)　理由(　　　　　　　　　　　　)

4 次のア～オの中から，いつでも合同な図形がかけるものをすべて選びなさい。

ア 3辺の長さが 3 cm，4 cm，5 cm の三角形

イ 1辺の長さが 5 cm のひし形

ウ 4つの辺の長さが 4 cm，5 cm，6 cm，7 cm の四角形

エ 3つの角の大きさが 42°，68°，70° の三角形

オ 2辺の長さが 4 cm と 6 cm の長方形

（　　　　　）

5 たて 4 cm，横 5 cm の長方形の紙を，対角線にそって図のように折りました。AF と同じ長さになるところはどこですか。

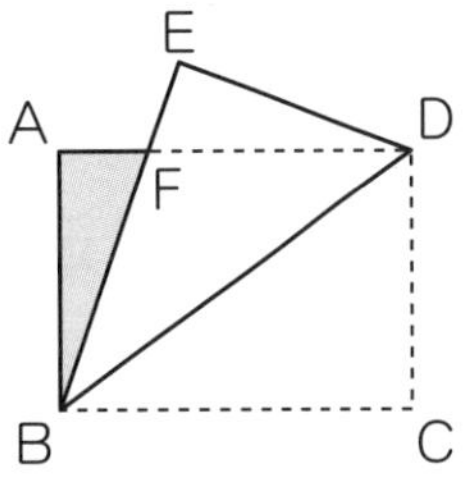

（　　　　　）

6 次の□にあてはまる記号やことばを書きなさい。
図の正方形の折り紙ABCD を直線MN で半分に折って開き，直線CP で折ったときに頂点 B が直線MN と重なる点を E とします。このとき三角形[㋐]と三角形[㋑]が合同なので，対応する辺 BC と辺[㋒]の長さが等しくなります。同じように辺 BC と辺 BE の長さが等しくなるので，三角形 BCE は[㋓]になります。

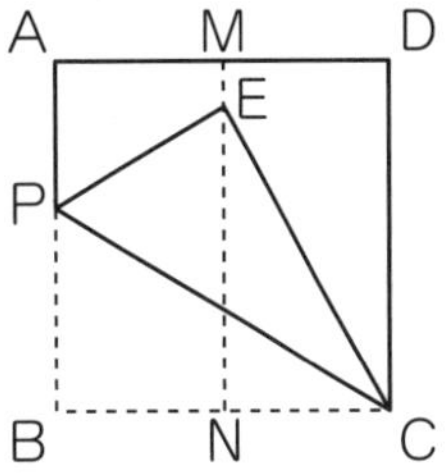

㋐（　　　　）　㋑（　　　　）　㋒（　　　　）　㋓（　　　　）

7 右の図のように，長方形 ABCD の辺 BC 上に点 P があります。P を通る直線をひいて，この長方形を合同な 2 つの台形に分けなさい。

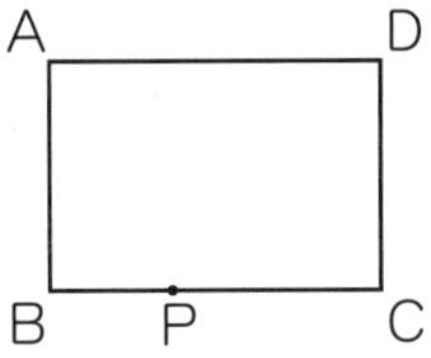

23 合同な図形 ➡ ハイクラス

1 次のア〜オの中から，2つの三角形がいつでも合同になるものをすべて選びなさい。(10点)

ア　3つの辺の長さがそれぞれ等しい2つの三角形

イ　3つの角の大きさがそれぞれ等しい2つの三角形

ウ　2つの辺の長さとその間の角の大きさがそれぞれ等しい2つの三角形

エ　1つの辺の長さとその両はしの角の大きさがそれぞれ等しい2つの三角形

オ　1つの辺の長さとその向かいの角の大きさがそれぞれ等しい2つの三角形

(　　　　　　　)

2 右の図の平行四辺形 ABCD で，BC と AC，AB と AE の長さはそれぞれ同じです。三角形 ABC と合同な三角形をすべて書きなさい。(10点)

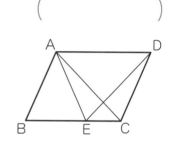

(　　　　　　　)

3 右の図の平行四辺形 ABCD で，AB と CE の長さは 2 cm，BC と BE の長さは 3 cm です。この図の中に合同な三角形はありません。その理由を説明しなさい。(12点)

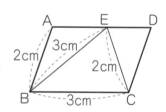

(　　　　　　　　　　　)

4 折り紙でつるをとちゅうまで折って開くと右の図のような折り目がついていました。この図の中に㋐の三角形と合同な三角形は㋐以外に何個ありますか。(12点)

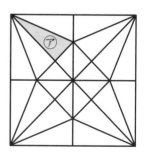

(　　　　　　)

5 定規とコンパスを用いて，右の図の四角形 ABCD と同じ形で，同じ大きさの四角形を，辺 BC と，長さが等しい線 EF が対応するようにかきなさい。ただし，コンパスの使ったあとは消さずに残しておくこと。

(16点)

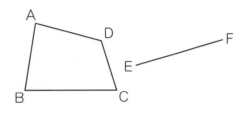

6 右の図のように，16 個の正方形からできているマス目があります。このマス目を全部使い，線にそって，(例)のように同じ形をした 4 個の図形に分けたいと思います。(例)にあげたもの以外にも，3 通りの分け方があります。それらをすべて図示しなさい。ただし，4 個の図形に分けられた正方形を回したり，うら返したりして同じになるものは，すべて同じとみなすことにします。(16点)

〔筑波大附中〕

(例)

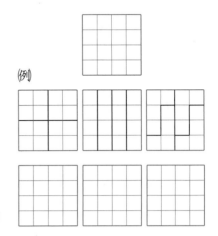

7 次の問いに答えなさい。(24点/1つ8点)

(1) 正三角形を 2 つの合同な三角形に分けるには，どこに線をひいたらよいですか。

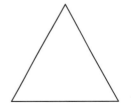

(2) 正三角形を 4 つの合同な三角形に分けるには，どのように線をひいたらよいですか。

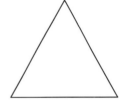

(3) 右の直角三角形を 3 つの合同な三角形に分けるには，どのように線をひいたらよいですか。

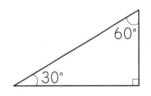

24 円と多角形

（円周率は 3.14 として計算しなさい。）

1 中心が重なっている 3 つの円 A, B, C について答えなさい。

(1) A, B, C の円の直径は, それぞれ何 cm ですか。

A（　　　　）　B（　　　　）　C（　　　　）

(2) A, B, C の円周は, それぞれ何 cm ですか。

A（　　　　）　B（　　　　）　C（　　　　）

(3) 半径の長さを□ cm, 円周の長さを△ cm として, □と△の関係を式で表しなさい。

（　　　　　　　　　　　　　　）

(4) 半径の長さを 2 倍, 3 倍にすると, 円周の長さはもとの長さの何倍になりますか。

2 倍にすると（　　　　）　3 倍にすると（　　　　）

2 正多角形の性質について, 式でまとめました。下の式は, それぞれ何を求める式ですか。下の　　　の中から選びなさい。

(1) 辺の数－2

（　　　　）

(2) (辺の数－3)× 辺の数÷2

（　　　　）

> ア 頂点の数　　　　　　　　イ 対角線の数
> ウ 1 つの頂点からひける対角線の数
> エ 1 つの頂点からひいた対角線によってできる三角形の数
> オ 3 つの頂点をむすぶ三角形の数

3 右の図のように，１辺が２cmの正方形と，円の $\frac{1}{4}$ を4つ組み合わせた図形があります。色のついた部分のまわりの長さを答えなさい。 〔京都教育大附属京都中〕

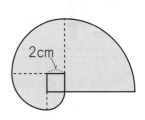

2cm

（　　　　　　　　）

4 右の図の色のついた部分のまわりの長さを求めなさい。 〔高知大附中〕

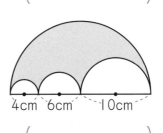

4cm　6cm　10cm

（　　　　　　　　）

5 右の図のAからHの点は，円周を8等分したものです。Aとほかの2つの点をとって三角形をつくります。 〔東海中－改〕

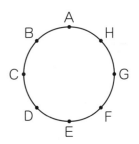

(1) 直角二等辺三角形(1つの角が90°の二等辺三角形)は，いくつできますか。

（　　　　　　　　）

(2) (1)以外の二等辺三角形はいくつできますか。

（　　　　　　　　）

(3) 2つの点をどのようにとっても正三角形にはなりません。その理由を説明しなさい。

（
　
　
　　　　　　　　　）

24 円と多角形 ➡ ハイクラス

(円周率は 3.14 として計算しなさい。)

1 次の図の色のついた部分のまわりの長さを求めなさい。(24点 /1つ12点)

(1) 図の中の数字は, 直径の左はしから何 cm であるかを
表します。　〔広島大附中〕

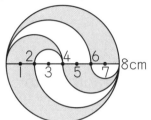

(　　　　　　　)

(2) 図は, 正方形の中におうぎ形をかいたものです。

〔大阪教育大附属池田中〕

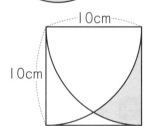

(　　　　　　　)

2 右の図の 1, 2, 3, 4, 5, 6 は, 円周上を 6 等分した目も
りです。点 P, Q, R は 1 秒ごとに次のように動きます。
点 P は, 点 1 から時計まわりに 1 目もり
点 Q は, 点 1 から時計まわりに 2 目もり
点 R は, 点 1 から時計まわりに 3 目もり
各秒ごとにできる三角形について答えなさい。(30点 /1つ10点)

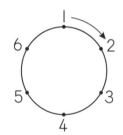

(1) 最初の 15 秒間で, 正三角形ができるのは何回ですか。

(　　　　　　　)

(2) 最初の 20 秒間で, 三角形ができないのは 0 秒を入れて何回ですか。

(　　　　　　　)

(3) 100 秒後には, どんな三角形になりますか。ア〜エ の中から選びなさい。
　ア 3 辺の長さがすべてちがう三角形　　イ 2 辺の長さだけが等しい三角形
　ウ 正三角形　　　　　　　　　　　　　エ 三角形はできない

(　　　　　　　)

3 右の図１のように，１辺が３cmの正五角形のほかに，１辺が３cmの正三角形があります。正五角形の頂点を１，２，３，４，５とし，正三角形の頂点をA，B，Cとします。正三角形が図１の矢印の方向に回転し，図２のようになったときを「正三角形が１回転がった」とします。そのあとも正三角形は図１の位置から転がりはじめ，同じように転がります。〔広島城北中〕

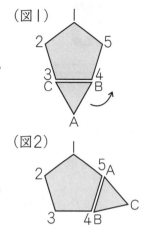

（図１）

（図２）

(1) 正三角形が１回転がったとき，頂点Aは何cm動きますか。(10点)

（ 　　　　　 ）

(2) 正三角形が５回転がって，もとの位置にもどったとき，頂点３，４の位置にある正三角形の頂点は何ですか。A，B，Cで答えなさい。(10点/１つ５点)

頂点３ （ 　　　　　 ）　頂点４ （ 　　　　　 ）

(3) 頂点Aが２回目に頂点２の位置にくるまでに，正三角形は何回転がりますか。(10点)

（ 　　　　　 ）

4 右の図のように，半径１cmの円がおうぎ形のまわりを１周します。円の中心が通った長さは何cmになりますか。(16点)〔ラ・サール中〕

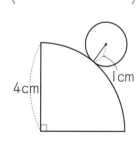

4cm

1cm

（ 　　　　　 ）

25 図形の角

 標準クラス

1 下の三角形の㋐の角度を求めなさい。

(1) 三角形

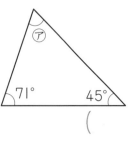

(　　　　　　　　)

(2) 二等辺三角形

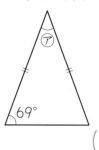

(　　　　　　　　)

(3) 三角形の外側の角

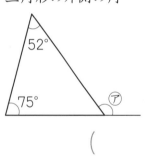

(　　　　　　　　)

(4) 三角形

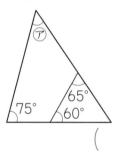

(　　　　　　　　)

2 下の四角形の㋐の角度を求めなさい。

(1) 四角形

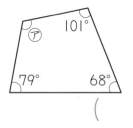

(　　　　　　　　)

(2) ひし形

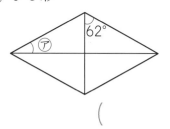

(　　　　　　　　)

(3) 平行四辺形

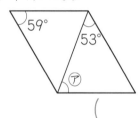

(　　　　　　　　)

(4) 四角形

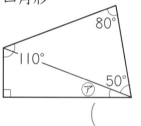

(　　　　　　　　)

3 下の図形の[ア]，[イ]の角度を求めなさい。

(1)

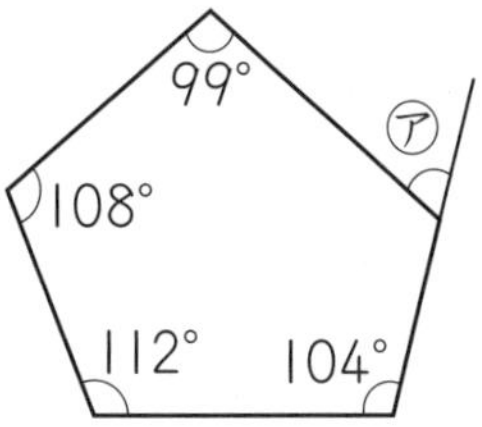

（　　　　）

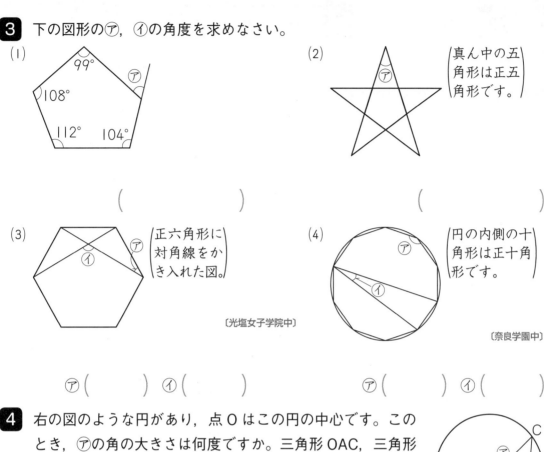

(2)

（真ん中の五角形は正五角形です。）

（　　　　）

(3)

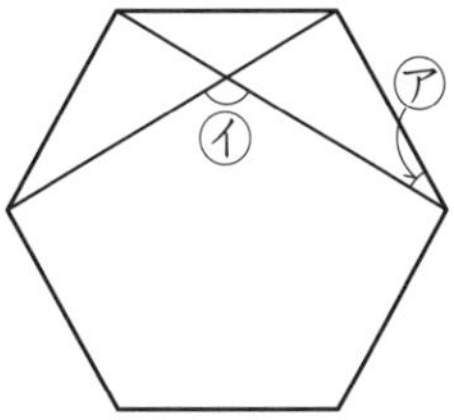

（正六角形に対角線をかき入れた図。）

〔光塩女子学院中〕

[ア]（　　　）　[イ]（　　　）

(4)

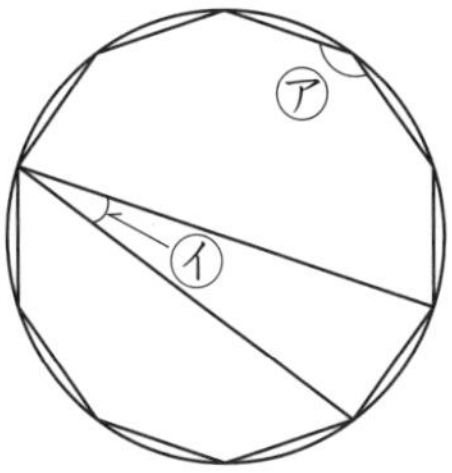

（円の内側の十角形は正十角形です。）

〔奈良学園中〕

[ア]（　　　）　[イ]（　　　）

4 右の図のような円があり，点 O はこの円の中心です。このとき，[ア]の角の大きさは何度ですか。三角形 OAC，三角形 OBC がどんな三角形かを説明してから，式と言葉で求め方を説明しなさい。

〔早稲田中〕

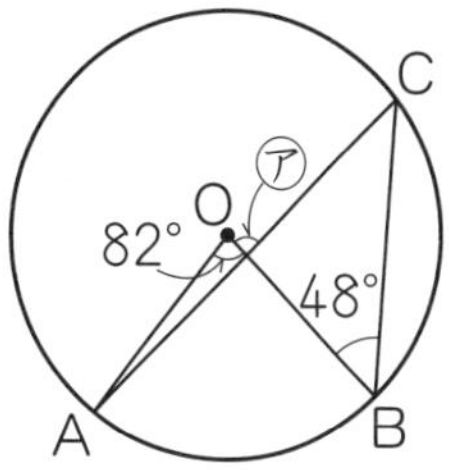

（　　　　　　　　　　）

5 下の図は，1 組の三角定規(じょうぎ)を組み合わせたものです。[ア]，[イ]の角度を求めなさい。

(1) 〔近畿大附中〕

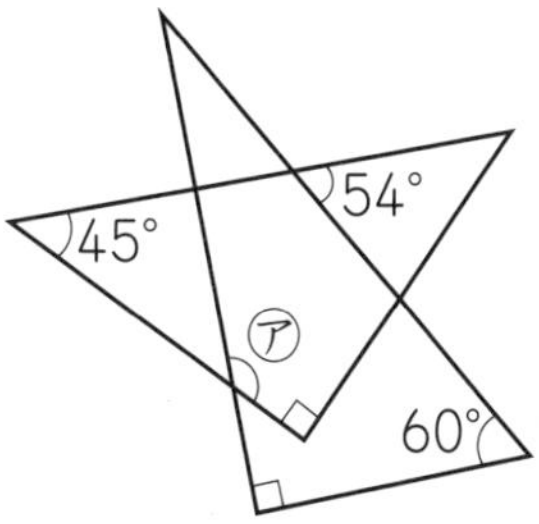

（　　　　）

(2)

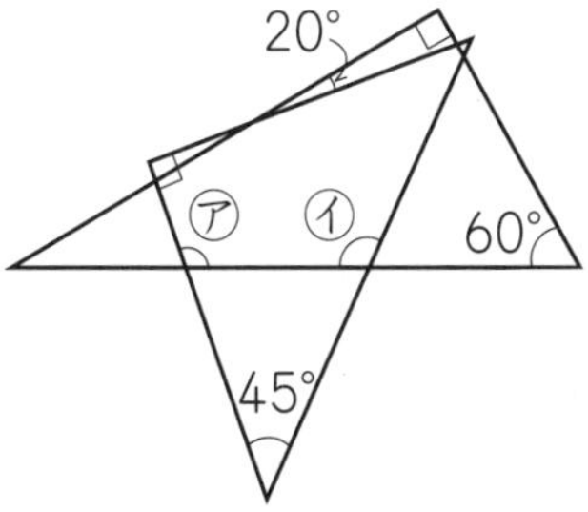

[ア]（　　　）　[イ]（　　　）

25 図形の角 → ハイクラス

1 右の図は，AB と AC の長さが等しい二等辺三角形です。AD, DE, EF, FC, BC の長さがすべて等しいとき，角㋐の大きさは何度ですか。(10点)〔吉祥女子中〕

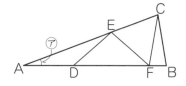

(　　　　　)

2 次の図の㋐，㋑，㋒の角の大きさを求めなさい。

(1) 四角形 ABCD は長方形，BD は対角線(12点/1つ4点)　〔高知中〕

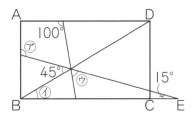

(2) 三角形 ABC は正三角形，四角形 ADEF は正方形

(8点/1つ4点)〔西南女学院中〕

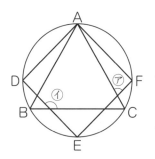

㋐(　　) ㋑(　　) ㋒(　　)　　　　㋐(　　) ㋑(　　)

3 右の図は，1つの長方形を折り曲げたものです。このとき，㋐，㋑の角度をそれぞれ求めなさい。

(10点/1つ5点)〔共立女子第二中〕

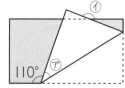

㋐(　　　　　) ㋑(　　　　　)

4 右の図のように，2つの三角形を重ねました。㋐の角度を求めなさい。(10点)　　〔帝塚山中〕

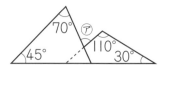

(　　　　　)

5 右の図のように，形も大きさも同じ二等辺三角形㋐，㋑，㋒があります。このとき，・印をつけた角度を求めなさい。（10点）　〔筑波大附中〕

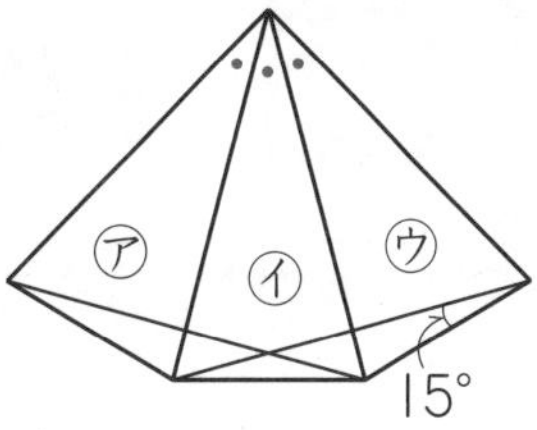

（　　　　　　）

6 右の図のように，正三角形に2つの正方形がくっついています。このとき，図の㋐の角の大きさは何度ですか。
（10点）〔白陵中〕

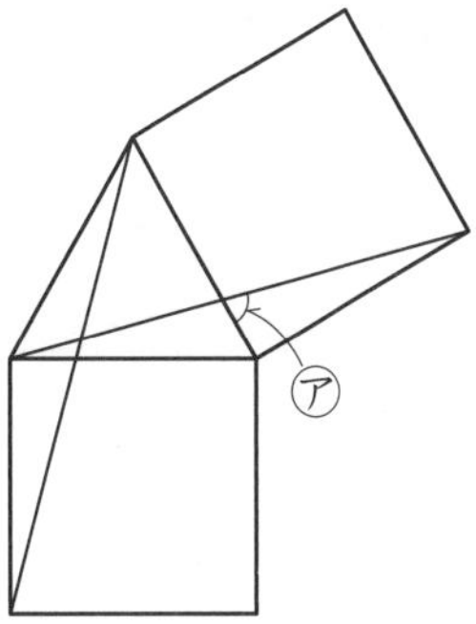

（　　　　　　）

7 右の図は，正方形ABCDと，その1辺を半径とするおうぎ形を組み合わせたものです。　〔武庫川女子大附中－改〕

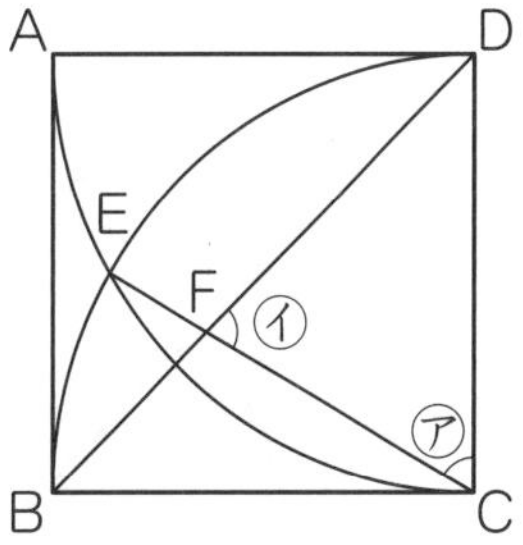

(1) ㋐の角は何度ですか。理由も説明して答えなさい。
（6点／1つ3点）

（　　　）　理由（　　　　　　　　　　）

(2) ㋑の角は何度ですか。（4点）

（　　　　　　）

8 円周を7等分する7つの点をとり，図1のように点Aから1つおきに結びます。このとき，7つの点を1回ずつ通って点Aにもどってきます。また，図2のように点Aから7つの点を2つおきに結んでも，7つの点を1回ずつ通って点Aにもどってきます。このとき，㋐，㋑の角の大きさを，それぞれ求めなさい。（20点／1つ10点）　〔東京学芸大附属世田谷中－改〕

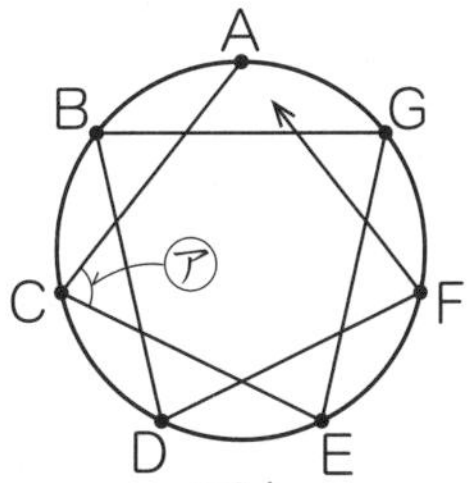

図1

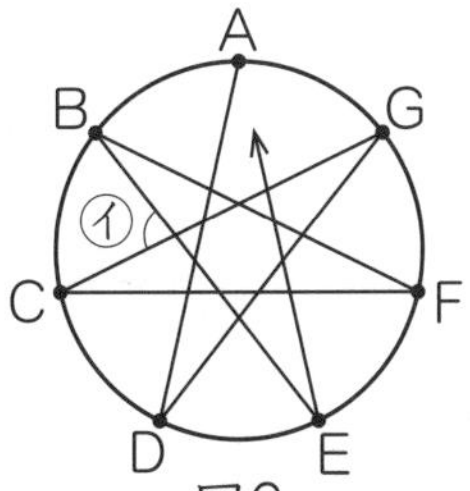

図2

㋐（　　　　　　）　㋑（　　　　　　）

三角形の面積

標準クラス

1 次の図で，色のついた部分の面積を求めなさい。

(1)
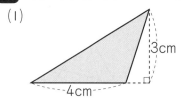

(2)
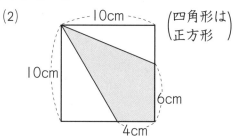
（四角形は正方形）

(   )　　　　(   )

(3) 〔佐賀大附中〕
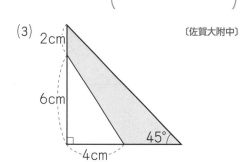

(4)
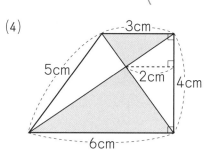

(   )　　　　(   )

2 次の三角形で，□にあてはまる数を求めなさい。

(1)
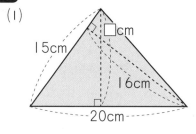

(2)
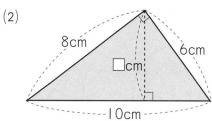

(   )　　　　(   )

3 右の図のように，I 辺が I2 cm の正方形があります。点
A と点 C を結び，点 D と点 E を結ぶときにできる四角
形（色のついた部分）の面積を求めなさい。　〔香川大附属高松中〕

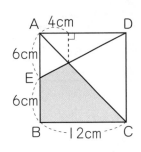

(　　　　　　　　)

4 右の四角形 ABCD は長方形です。三角形
ACF の面積が 24 cm^2 のとき，次の長さを求
めなさい。

(1) DF の長さ

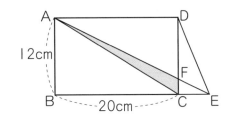

(　　　　　　　　)

(2) CE の長さ

(　　　　　　　　)

5 右の図の長方形について，次の問いに答えなさい。
〔安田女子中〕

(1) 色のついた部分の面積を求めなさい。

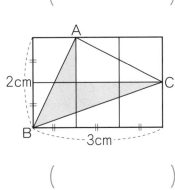

(　　　　　　　　)

(2) 三角形 ABC はどんな三角形ですか。

(　　　　　　　　)

答え ▶ 別さつ51ページ

27 四角形の面積

標準クラス

1 次の□にあてはまる数を求めなさい。

(1) 平行四辺形

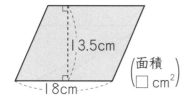

13.5cm
18cm
（面積 □cm²）

(   )

(2) ひし形

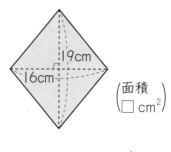

19cm
16cm
（面積 □cm²）

(   )

(3) 台形

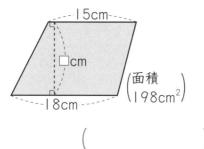

15cm
□cm
18cm
（面積 198cm²）

(   )

(4) 平行四辺形

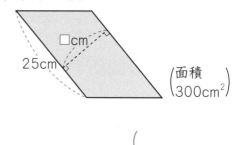

□cm
25cm
（面積 300cm²）

(   )

2 次の平行四辺形について答えなさい。

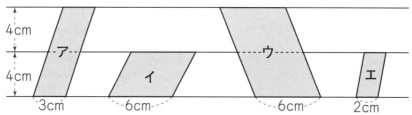

4cm
4cm
ア
イ
ウ
エ
3cm
6cm
6cm
2cm

(1) 面積が最も小さい平行四辺形は，どれですか。 (   )

(2) 面積が等しいのは，どれとどれですか。 (と   )

(3) ウの面積は，エの面積の何倍ですか。 (   )

3 次の色のついた部分の面積を求めなさい。

(1)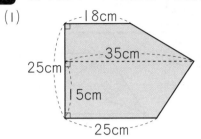

(2)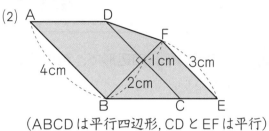

（ABCD は平行四辺形, CD と EF は平行）

(　　　　　) 　　　　　 (　　　　　)

(3)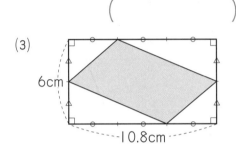

(4)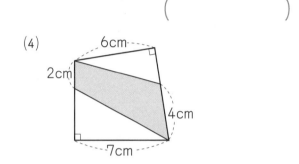

(　　　　　) 　　　　　 (　　　　　)

4 図の四角形 ABCD は AD と BC が平行な台形で, 点 M は CD の真ん中の点です。この図を利用して,「台形の面積 ＝（上底＋下底）× 高さ÷2」が成り立つ理由を説明しなさい。

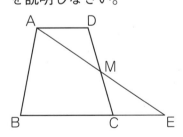

(
　
　
　
　
　
)

27 四角形の面積 ➡ ハイクラス

1 右の図の平行四辺形で，色のついた部分の面積を求めなさい。(8点)　〔岡山理科大附中〕

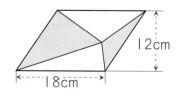

（　　　　　　　）

2 右の図で，(ア)と(イ)は合同な直角三角形で，3つの点 D，E，C は同じ直線の上にならんでいます。(20点/1つ10点)〔東山中〕

(1) 台形 ABCD の面積を求め，小数で答えなさい。

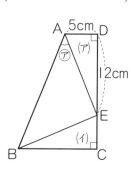

（　　　　　　　）

(2) 角(ア)は何度ですか。

（　　　　　　　）

3 1辺10cmの正方形 ABCD の辺上に，右の図のように点 P，Q，R，S をとります。

(ア)+(ウ)=(イ)+(エ)=5cm であるとします。

(20点/1つ10点)

(1) 色のついた部分の面積を求めなさい。

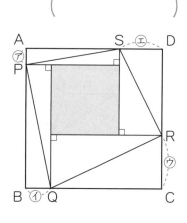

（　　　　　　　）

(2) 四角形 PQRS の面積を求めなさい。

（　　　　　　　）

4 1辺の長さが12cmの正方形の紙2まいを，右の図のように重ねました。色のついた部分の面積を求めなさい。(12点) 〔近畿大附中〕

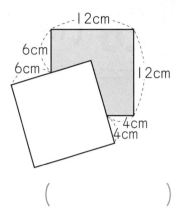

（　　　　　　　）

5 右の図の平行四辺形で，同じ印のついている角は，同じ大きさを表します。色のついた部分の面積を求めなさい。(12点) 〔女子学院中〕

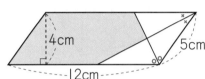

（　　　　　　　）

6 右の図の色のついた部分の面積を求めなさい。(12点)

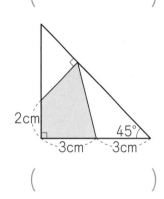

（　　　　　　　）

7 下の2つの図形を平行にずらして，辺アイと辺ウエが重なるように置きます。そのとき，重なった図を方眼にかいて，重なった部分の面積を求めなさい。ただし，交わっている辺はすべて垂直です。(16点/1つ8点) 〔愛知淑徳中一改〕

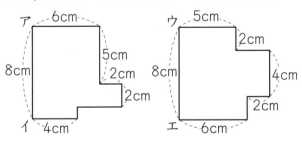

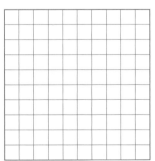

（　　　　　　　）

28 いろいろな面積

1 次の色のついた部分の面積を求めなさい。

(1)

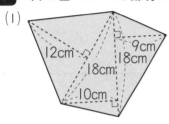

(2)

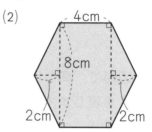

(　　　　　　)　　　　　　(　　　　　　)

2 次の色のついた部分の面積を求めなさい。

(1)

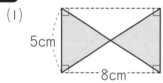

(2)

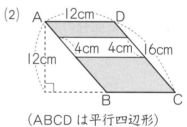

（ABCD は平行四辺形）

(　　　　　　)　　　　　　(　　　　　　)

(3)

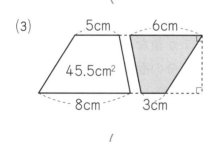

(4)

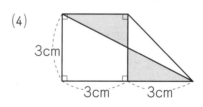

(　　　　　　)　　　　　　(　　　　　　)

3 四角形 ABCD は平行四辺形で，AB と EF は平行です。色のついた部分の面積を求めなさい。

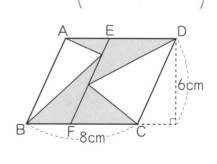

(　　　　　　)

4 右の図の四角形 ABCD は平行四辺形で，四角形 ABED は台形です。色のついた部分の面積を求めなさい。

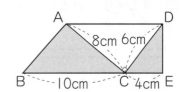

(　　　　　　　)

5 図のように １ 辺の長さが 12 cm，6 cm の正方形があります。色のついた部分の面積は何 cm² ですか。

〔大妻中〕

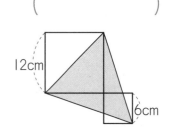

(　　　　　　　)

6 右の図の四角形 ABCD は台形です。A から CD に垂直に下ろした点を E とし，AE と BD の交わる点を F とします。AB＝3 cm, BC＝8 cm, 三角形 AFD の面積は 8.4 cm² です。ED の長さは何 cm ですか。

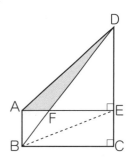

(　　　　　　　)

7 １ 辺が 20 cm の正方形の紙があります。この紙を次の図のように半分に折り，さらに半分に折って，正方形を作りました。次に ４ すみの直角の部分をはさむ ２ 辺の長さがそれぞれ ３ cm となるような三角形（図の黒い部分）を ４ か所を切り落としました。その状態から紙を ２ 回開いてもどしたとき，切り落とされずに残った部分の面積を求めなさい。

〔逗子開成中〕

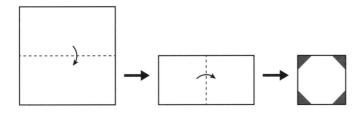

(　　　　　　　)

28 いろいろな面積

→ ハイクラス

1 右の図のように，辺 AB と辺 BC が垂直な台形 ABCD があります。2 本の対角線が垂直に交わるとき，色のついた部分の面積を求めなさい。

(12 点)〔香川大附属高松中〕

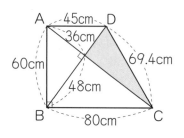

(　　　　　　　　)

2 右の長方形で，白い部分はすべて 2cm はばです。色のついた部分の面積の和を求めなさい。(12 点)

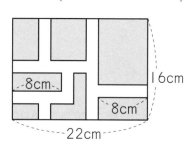

(　　　　　　　　)

3 図の正六角形の面積は 6 cm^2 です。色のついた部分の面積は何 cm^2 ですか。(12 点)　　　　　　　〔早稲田中〕

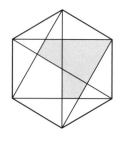

(　　　　　　　　)

4 次の色のついた部分の面積を求めなさい。(12 点 / 1 つ 6 点)

(1)

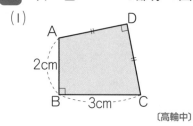

〔高輪中〕

(2)

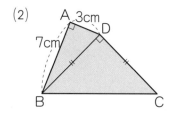

〔早稲田大高等学院中〕

(　　　　　　　　)　　　　　　(　　　　　　　　)

5 右の図のように，平行四辺形 ABCD があります。このとき，色のついた部分の面積を求めなさい。

(12点)〔大阪教育大附属平野中〕

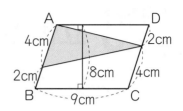

(　　　　　　)

6 右の図のような台形 ABCD があります。点 E は辺 AB 上にあり，点 F と点 G は辺 BC 上にあります。三角形 EFG の面積は 4 cm²，三角形 CDG の面積は 6 cm² です。

(20点/1つ10点)〔青雲中〕

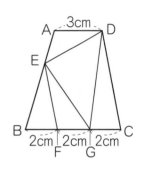

(1) 三角形 AED の面積を求めなさい。

(　　　　　　)

(2) 三角形 EGD の面積を求めなさい。

(　　　　　　)

7 右の図は，すべての角が 120°である六角形です。辺 AB，BC，CD，EF の長さはそれぞれ 1 cm，2 cm，1 cm，1 cm です。(20点/1つ10点)

(1) 辺 AF の長さは何 cm ですか。

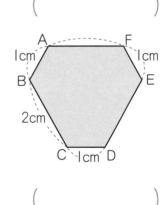

(　　　　　　)

(2) 六角形 ABCDEF の面積は，1辺が 1 cm の正三角形の面積の何倍ですか。

(　　　　　　)

答え ▶ 別さつ54ページ

29 立体の体積

標準クラス

1 次の□にあてはまる数を書きなさい。

(1) 0.3L = [____] mL

(2) 1500cm³ = [____] L

(3) 5dL = [____] cm³

(4) 0.7m³ = [____] kL

(5) 2000cm³ = [____] dL

2 次の直方体の体積を求めなさい。

(1)

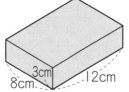

3cm　12cm　8cm

(　　　　　　　)

(2)

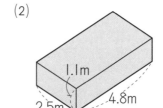

1.1m　2.5m　4.8m

(　　　　　　　)

3 右の図1のような長方形の紙の4すみを切り取って、図2のような直方体の容器をつくりました。この容器の容積は何cm³ですか。

(図1)

22cm　13cm

(図2)

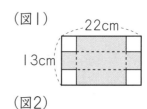

14cm　5cm

(　　　　　　　)

4 右の図は直方体のてん開図です。このてん開図の面積は152cm²です。この直方体の体積を求めなさい。

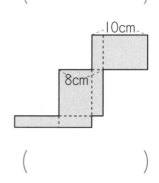

10cm　8cm

(　　　　　　　)

5 下の図のように，直方体を組み合わせた立体があります。それぞれの体積を求めなさい。

(1)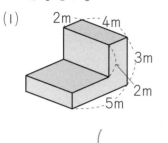

(2)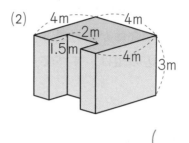

(　　　　　　　) 　　　　　　　(　　　　　　　)

6 同じ大きさの立方体を，図のように重ねました。

(1) 1辺が1cmのとき，図の立体の体積を求めなさい。

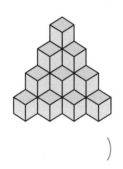

(　　　　　　　)

✎(2) 1辺を3cmにすると，図の立体の体積は何倍になりますか。理由も説明して答えなさい。

(　　　　　　　) 理由 ⎛ 　　　　　　　　　　　　　 ⎞
　　　　　　　　　　　　 ⎝ 　　　　　　　　　　　　　 ⎠

7 右の図1のような直方体の水そうに，底から5cmのところまで水を入れました。〔東京学芸大附属竹早中〕

(1) 図2の直方体を，この向きのままかたむけずに水そうの底につくまで入れました。このとき，水面の高さは底から何cmになりますか。

(図1)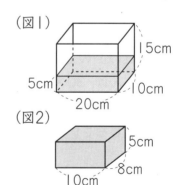

(図2)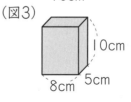

(　　　　　　　)

(2) 図3の直方体を，(1)と同じように水そうに入れたとき，水面の高さは底から何cmになりますか。

(図3)

(　　　　　　　)

29 立体の体積 ➡ **ハイクラス**

1 下の図のような立体があります。それぞれの体積を求めなさい。ただし，同じ記号のついた辺の組は，すべて長さが等しいとします。(20点 / 1つ10点)

(1)

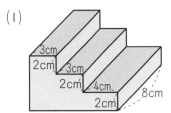

(2)

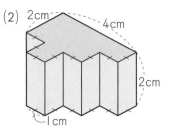

(　　　　　　　　)　　　　(　　　　　　　　)

2 1つの直方体からいくつかの直方体を切り取って，右の図のような立体をつくりました。この立体の体積を求めなさい。ただし，同じ記号のついた辺の組は，すべて長さが等しいとします。

(10点)〔大阪教育大附属天王寺中〕

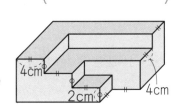

(　　　　　　　　)

3 右の図の立体の体積を求めたいと思います。Aさんは，30×40×30 と式をつくって求めました。どのように考えたのか，図に線をかき入れて説明しなさい。(10点 / 1つ5点)

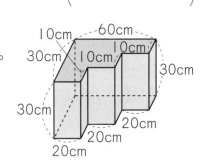

(　　　　　　　　　　　　　　　　　)

4 右の図のように，容器Aには容器の $\frac{3}{4}$ の深さまで水がはいっています。この水をすべて容器Bに移しかえると，600 mL の水があふれました。容器Aの深さを答えなさい。(12点) 〔京都女子中－改〕

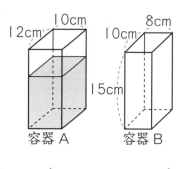

容器A　容器B

(　　　　　　　)

5 右の図のような水そうがあります。ここに直方体の積み木を入れると，図2のように直方体の積み木はちょうど $\frac{4}{5}$ が水中にしずみました。この積み木を取りのぞくと水面は8 cm下がりました。このとき，直方体の積み木の体積を求めなさい。

(12点)〔大阪教育大附属天王寺中〕

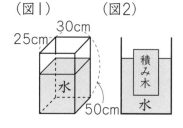

（図1）　　（図2）

(　　　　　　　)

6 右の図のような直方体を組み合わせた形のとう明で密封された容器の中に水がはいっています。面 GHIJKL を底面として置いたときの水面までの高さは12 cm です。(36点 / 1つ12点) 〔穎明館中〕

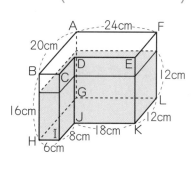

(1) はいっている水の容積(体積)を求めなさい。

(　　　　　　　)

(2) 面 AGLF を底面として置いたときの水面までの高さを求めなさい。

(　　　　　　　)

(3) 面 ABHG を底面として置いたときの一番高い水面までの高さを求めなさい。

(　　　　　　　)

30 角柱と円柱

標準クラス

1 右のてん開図は，円柱のてん開図をとちゅうまでかいた
ところです。あと1つ面をかき加えて，円柱のてん開
図を完成させなさい。

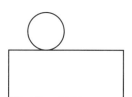

2 三角柱のてん開図をかいているところです。太郎さん
は，アの部分に長方形の面をかきました。

(1) ア以外のところにこの長方形の面をかいて，てん開図
を完成させなさい。

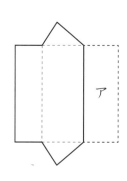

(2) 三角柱を組み立てたとき，2つの三角形の位置関係は
どのようになっていますか。

（　　　　　　　　　　）

3 下の図は，いろいろな立体を真正面と真上から見たものです。それぞれの立体
を何といいますか。

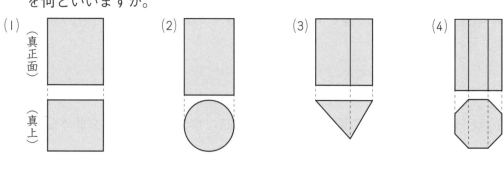

(1) （真正面）（真上）

(2)

(3)

(4)

（　　　　　）（　　　　　）（　　　　　）（　　　　　）

4 次のてん開図を組み立てたとき，できる立体の名前を書きなさい。

(1)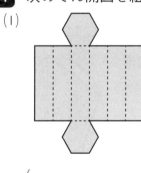

(2)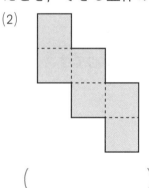

(3)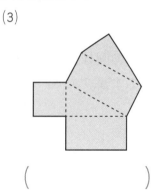

(   )   (   )   (   )

5 右の図は直方体のてん開図です。 〔同志社香里中〕

(1) たてと横と高さの長さの和は何 cm ですか。

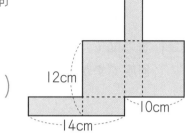

(   )

(2) この直方体の体積は何 cm^3 ですか。

(   )

6 右のような直方体の箱があります。つくえの上に箱を置き，上の面と下の面のそれぞれに十の字に交わるようにひもをかけます。

〔大阪教育大附属池田中〕

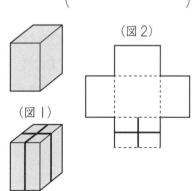

(1) 図1のように，箱を置いてひもをかけました。図2のてん開図を完成させなさい。
また，てん開図の中に，ひもの通る線のつづきをかき入れなさい。

(2) 直方体のたて，横，高さの長さをはかったところ，それぞれ4cm，5cm，6cmでした。この直方体2個を上下に2つ積み重ねて，図1と同じように十の字にひもをかけようと思います。どのように箱を積み重ねれば，ひもがいちばん短くなりますか。そのときのひもの長さを求めなさい。ただし，ひものねじれや結び目は考えません。

積み方 (   ) 長さ (   )

答え▶別さつ56ページ	
時間 35分	得点
合格 80点	点

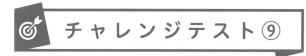

チャレンジテスト⑨

1 右の図は正五角形で，A は円の中心です。㋐の角度は何度ですか。（12 点）〔三重大附中〕

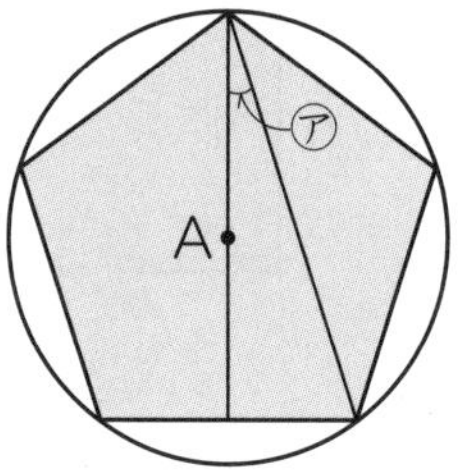

（　　　　）

2 右の図で，同じ印のついた辺の長さが等しいとき，角㋐は何度ですか。（12 点）〔甲南女子中〕

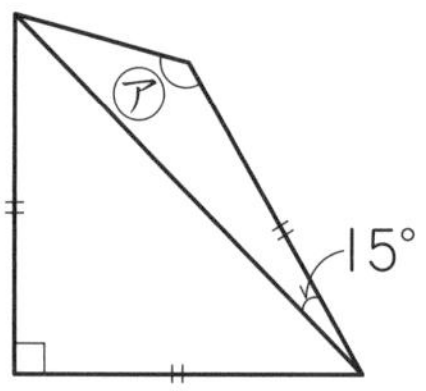

（　　　　）

3 右の図で，ABCD は平行四辺形です。辺 AD を 2 等分した点を E，BC を 2 等分した点を F とします。図のように，それぞれの点を結んでできた色のついた部分の面積を求めなさい。（12 点）〔追手門学院大手前中〕

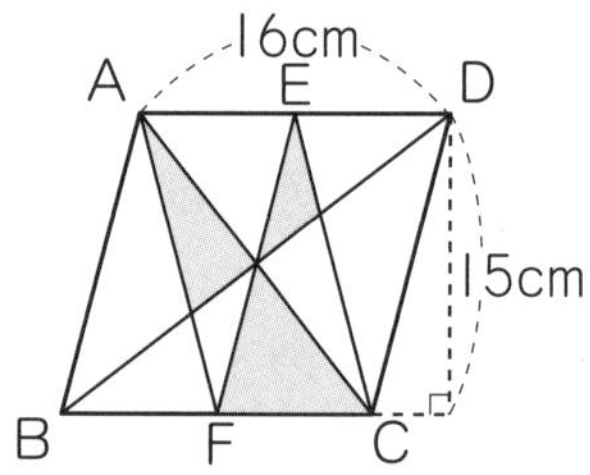

（　　　　）

4 右の図は，1 辺が 10 cm の正方形の各辺の真ん中の点と頂点を結んだものです。色のついた部分の面積を求めなさい。（16 点）〔開明中〕

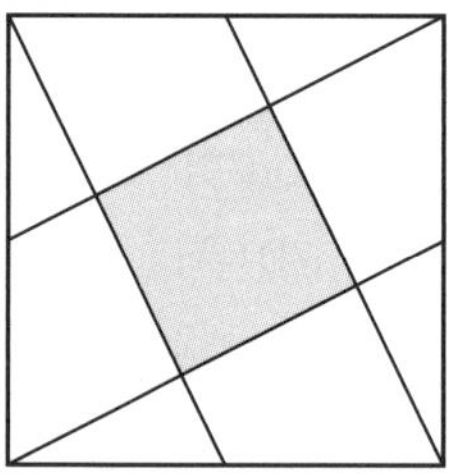

（　　　　）

5 次のア～クの中から，三角柱について述べているものをすべて選びなさい。

（12点）〔金城学院中一改〕

ア 頂点の数は4です。

イ 辺の数は6です。

ウ 平面の数は5です。

エ １つの底面に垂直な辺の数は3です。

オ １つの頂点に集まっている辺の数は3です。

カ 長さが等しい辺の組は最大3組あります。

キ 平行な辺の組は全部で3組あります。

ク 平行な平面の組は１組しかありません。

（　　　　　）

6 右の図のように，16個の点がたてと横ともに1cm間かくでならんでいます。この中から3点を選び，その3点を頂点とする三角形をつくります。

（20点／1つ10点）〔大阪教育大附属天王寺中〕

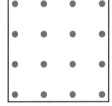

(1) 面積が3cm²になる三角形は，何種類つくることができますか。ただし，ひっくり返したり，まわしたり，ずらして重なる三角形は同じ種類とします。

（　　　　　）

(2) 面積が4cm²となる三角形を1つかきなさい。

7 右の図は，大，中，小の3種類の半円を組み合わせてできた図形です。色のついた部分のまわりの長さはいくらですか。（円周率は3.14とします。）

（16点）〔奈良教育大附中〕

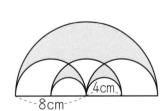

8cm
4cm

（　　　　　）

チャレンジテスト⑩

1 右の図で，点 A，B，C，D は点 O を中心とした円周上にあります。㋐と㋑の角度の和は何度ですか。(10点)　〔広島学院中〕

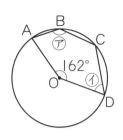

(　　　　　)

2 右の図のように，点 O を中心とし，半径が 6 cm の円周を 12 等分する点を結んで六角形をつくりました。

(30点 /1つ10点)

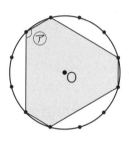

(1) 六角形の対角線は何本ありますか。

(　　　　　)

(2) 角㋐は何度ですか。

(　　　　　)

(3) 六角形の面積は何 cm² ですか。

(　　　　　)

3 図のように，地面から 45 度かたむいたしゃ面に直角二等辺三角形があります。この三角形が矢印の方向に毎秒 1 cm の速さで進みます。このとき，直線㋐の上に出る部分の面積について，次の各問いに答えなさい。

(20点 /1つ10点)〔芝浦工業大附中－改〕

(1) 図のときから 2 秒後の面積を求めなさい。

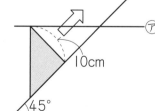

(　　　　　)

(2) 図のときから何秒後に，面積が 47.75 cm² になるか求めなさい。

(　　　　　)

4 右の図1のような三角柱があります。底面は1つの角が直角 （図1）
である二等辺三角形で, いちばん長い辺の長さは20cmです。
側面のうちの2つは正方形です。 〔女子学院中〕

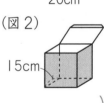

(1) 三角柱の底面積は何cm²ですか。(10点)

（図2）

（　　　　　　　）

✎(2) 次の〔　〕内のいずれかを○で囲み, その理由を書きなさい。(10点/1つ5点)
この三角柱を図2のような立方体の箱に入れてふたをしっかりしめることが
〔できる・できない〕

（

　　　　　　　　　　　　　　　　　　　　　　　　　　）

5 右の図のような立方体の形をした水そ
うAと, 物体Bがあります。Aは, 水
平な台の上に置かれており, 底面から
8cmのところまで水がはいっていま
す。Bは, 直方体から2つの直方体を
くりぬいたものです。いま, Bを水平
に保ちながらAの水の中に静かにしず
めていきます。(20点/1つ10点)〔洛南高附中〕

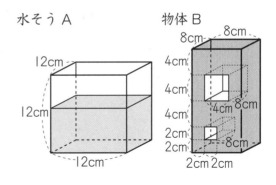

(1) Bが水の中に5cmしずんでいるとき, 水面は水そうの底面から何cmのとこ
ろにありますか。

（　　　　　　　）

(2) Bが水の中にしずんでいるのが何cmをこえると, 水そうの中の水はあふれ出
しますか。

（　　　　　　　）

総仕上げテスト①

答え▶別さつ58ページ

時間 40分	得点
合格 80点	点

[1] 次の計算をしなさい。（24点/1つ6点）

(1) $19.2\times0.3+1.3\times9.6-4.8\times2.8$ 〔関西学院中一改〕

(2) $\frac{3}{4}+\frac{1}{12}+\frac{1}{18}$

(3) $(0.75-0.5)\times0.4+0.9$ 〔比治山女子中〕

(4) $3\frac{5}{6}+1\frac{1}{4}-2\frac{1}{3}$

[2] A，B，Cの３つの石があります。AとBの石の重さの和は 245 g，BとCの石の重さの和は 237 g，AとCの石の重さの和は 258 g です。このとき，Aの石の重さは何 g ですか。（12点）

（　　　　）

[3] 右の図の五角形で，角㋐と角㋒の大きさは等しく，角㋑の大きさは角㋐の大きさの半分です。さらに，角㋓の大きさは角㋑より 50° 大きいです。
このとき，角㋑の大きさは何度ですか。（12点） 〔大谷中〕

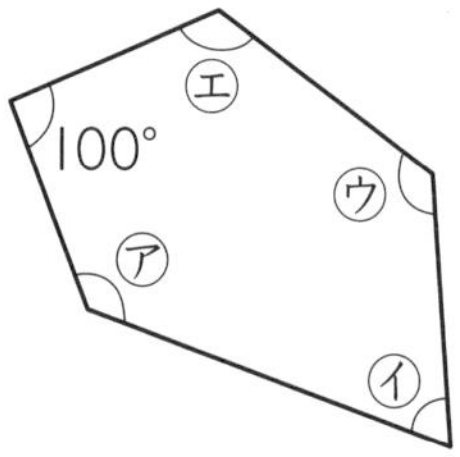

（　　　　）

[4] 右の図で，色のついた部分の面積は何 cm^2 ですか。（12点）〔近畿大附中〕

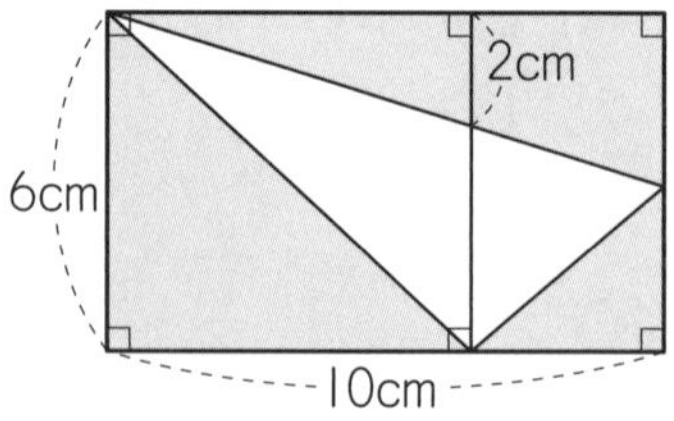

（　　　　）

[5] 右の表は，テープの長さ□m
の代金△円との関係を表した
ものです。〔昭和学院中－改〕

□(m)	2	3	4	5	6	7
△(円)	80	ア	160	200	イ	280

(1) ア，イにあてはまる数を求めなさい。(8点/1つ4点)

ア（　　　　　　　） イ（　　　　　　　）

(2) 2000円でテープは何m買えますか。(8点)

（　　　　　　　）

[6] 1から50までの数字を表に書いた50まいのカードがあります。はじめに，
50まいすべてのカードの表を上にしてならべます。これらのカードを次の順
番で次々と最後までひっくり返していきます。〔武庫川女子大附中〕

【ひっくり返す順番】　①　1の倍数のカードをすべてひっくり返す。
　　　　　　　　　　　②　2の倍数のカードをすべてひっくり返す。
　　　　　　　　　　　③　3の倍数のカードをすべてひっくり返す。
　　　　　　　　　⋮　⋮　　　　　　　　　⋮
　　　　　　　　　　　㊿　50の倍数のカードをすべてひっくり返す。

(1) 25，36，48の数字が書かれたカードはそれぞれ何回ひっくり返されましたか。
(6点/1つ2点)

25（　　　　　） 36（　　　　　　） 48（　　　　　）

(2) 1から30までの数字が書かれたカードのうち，2回だけひっくり返されたカー
ドは何まいありますか。(9点)

（　　　　　　　）

(3) 1から50までの数字が書かれたカードのうち，うら向きになっているカード
は何まいありますか。(9点)

（　　　　　　　）

総仕上げテスト②

答え ▶ 別さつ59ページ

時 間　40分　得 点

合 格　80点　　点

1 次のイにはいる数を求めなさい。(10点)　〔南山中女子部〕

$$\frac{2}{19} = \frac{1}{\text{ア}} + \frac{1}{76} + \frac{1}{114} \qquad \frac{12}{19} = \frac{1}{2} + \frac{1}{\text{ア}} + \frac{1}{\text{イ}} + \frac{1}{76} + \frac{1}{114}$$

（　　　　　　　　　）

2 容積が600Lの水そうに，同じ2本のじゃ口から一定の割合で水を入れます。また，この水そうの底面にはあなが開いていて，一定の割合で水が外に流れ出ます。空の水そうに，じゃ口を1本だけ使って水を入れると，40分で満水になり，空の水そうに，じゃ口を2本だけ使って水を入れると，15分で満水になります。満水の状態でじゃ口を止めたとき，そこから何分で空になりますか。

(10点) 〔洛星中〕

（　　　　　　　　　）

3 花子さんは，クラス全員で美術館に行きました。美術館の入場料は1人900円で50人以上の団体は3割引きになります。花子さんたちは50人より少ない団体でしたが，50人の団体として入場するほうが安くなるので，50人の団体として入場しました。帰りに，みんなでカレーライスを食べました。食堂に支はらった料金は全員で22575円でした。花子さんのクラスの人数を求めなさい。(10点)　〔神戸女学院中〕

（　　　　　　　　　）

4 右の図は立方体から直方体をくりぬいた立体で，6面のうち4面にあながあいています。この立体の体積は何cm³ですか。(10点)　〔甲南中〕

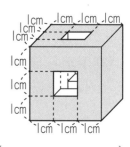

（　　　　　　　　　）

5 容器Aには濃度20%の食塩水がはいっています。容器Bには容器Aとは濃度のことなる食塩水240gがはいっています。容器Aと容器Bにふくまれる食塩の重さは等しく，容器Aと容器Bの食塩水をすべて混ぜると10%の食塩水ができます。(30点/1つ10点) 〔成蹊中〕

(1) 容器Aの食塩水の重さは，その食塩水にふくまれる食塩の重さの何倍ですか。

(　　　　　　)

(2) 混ぜ合わせてできた10%の食塩水の重さは，容器Aの食塩水に含まれていた食塩の重さの何倍ですか。

(　　　　　　)

(3) 容器Aにはいっていた食塩水の重さは何gでしたか。

(　　　　　　)

6 整数 x について，x の約数をすべて書き出し，その平均を $f(x)$ で表します。たとえば，$f(28)=(1+2+4+7+14+28)\div6=9\dfrac{1}{3}$ となります。

(30点/1つ10点)〔逗子開成中一改〕

(1) $f(36)$ を計算しなさい。

(　　　　　　)

(2) 整数 x の約数の個数がちょうど3個で $f(x)=19$ となる x を求めなさい。

(　　　　　　)

(3) 150以下の整数 x について，約数の個数がちょうど4個で $f(x)$ が最も大きくなる x を求めなさい。

(　　　　　　)

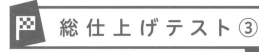

総仕上げテスト③

答え▶別さつ60ページ

時間 45分	得点
合格 80点	点

1 次の計算をしなさい。(20点/1つ5点)

(1) $2\frac{1}{2} \div 6 + \frac{2}{3} \times 4$

(2) $\left(\frac{2}{3} - \frac{2}{5}\right) \times \frac{3}{4}$

(3) $1.1 \times 0.44 + 2.2 \times 0.33$

(4) $5.1 \div 1.5 - 3.4 \times 0.8$

2 かずおさんとあけみさんは，1辺が30 cmの正方形の画用紙の表面全体に，1 cm^2の正方形の色紙をすき間なくはっていき，はり絵をつくることにしました。はじめに，かずおさんが色紙を150まいはり，そのあと，あけみさんが，かずおさんの何倍かの色紙をはったところ，画用紙全体の$\frac{5}{12}$が仕上がりました。あけみさんがはったのは，かずおさんの何倍ですか。

(5点)〔京都教育大附属京都中ー改〕

(　　　　　)

3 妹が4歩で歩くきょりを兄は3歩で歩き，妹が3歩進む間に兄は4歩進みます。1 kmはなれた場所にいた兄妹は，向かい合って歩くと20分で出会うことができました。(10点/1つ5点)

〔大宮開成中〕

(1) 妹の歩く速さは分速何mですか。

(　　　　　)

(2) 妹の歩はばを30 cmとすると，兄妹は出会うまでに合わせて何歩歩きますか。

(　　　　　)

4 ひと組の三角定規(じょうぎ)があります。右の図のように，1つの頂点(ちょうてん)がもう1つの三角定規の辺上にくるように重ね合わせました。このとき，角㋐は何度ですか。

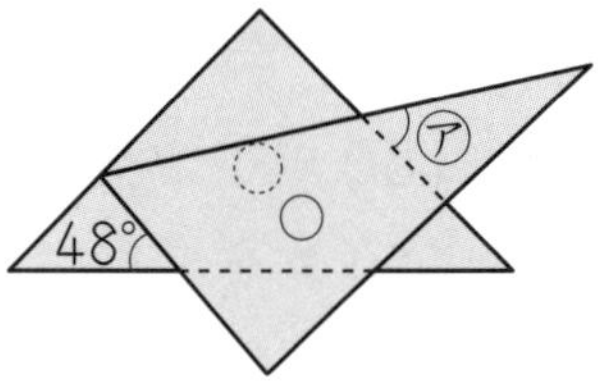

(5点)〔愛知教育大附属名古屋中〕

(　　　　　)

5 1辺が10cmの正方形の折り紙を，（折り方）の①，②の順に折って，（折り方）の②の------にそって切りました。（図1）のA，Bは，それらをうら返した形です。

(25点/1つ5点)〔お茶の水女子大附中〕

(1) Aは何という三角形ですか。

( )

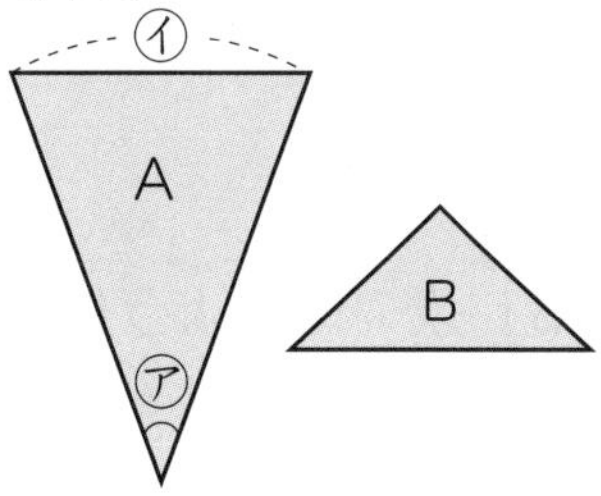

(2) Aの㋐の角の大きさを求めなさい。

( )

(3) Bのまわりの長さを求めなさい。

( )

(4) Bの面積は17.4 cm^2 でした。Aの面積を求めなさい。

( )

(5) (4)の結果を利用して，Aの㋑の辺の長さを求めなさい。

( )

（折り方）
①

②

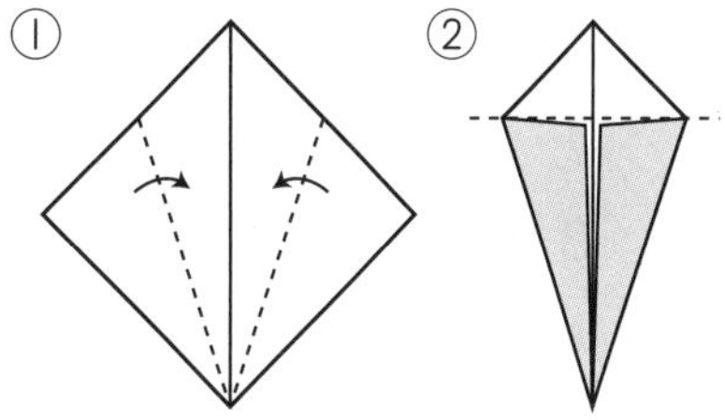

左右の辺を真ん中へ。
合わせ目は，ぴったりくっつけます。

（図1）

6 原価100円の品物を，定価200円で売ると1日50個売れ，定価から1％ね引きするごとに1個多く売れるとします。この商品を売り始めてから，10日目までは定価で売りました。11日目は定価の10％引き，12日目は定価の20％引きで売りました。ただし，消費税は考えないものとします。

(10点/1つ5点)〔神奈川学園中〕

(1) 12日目までに売った個数はいくつですか。

( )

(2) 12日目まで売ったときの利益はいくらですか。

( )

7 右の表は，あるクラスの5点満点のテストを行った結果を表していますが，1点と2点の人数は書いてありません。また，3点以上の人数はクラス全体の80％であること，このクラスの平均点<ruby>へいきん</ruby>が3.2点であることがわかっています。(10点/1つ5点)　〔帝塚山中〕

得点(点)	1	2	3	4	5
人数(人)			15	9	4

(1) このクラスの人数は何人ですか。

（　　　　　　　　）

(2) 1点の人数は何人ですか。

（　　　　　　　　）

8 次の図のように，深さ60cmの直方体の形をした水そうがあり，水そうの中には，直方体の形をした2つのおもりA，Bがはいっています。おもりA，Bは，底面は同じ大きさの正方形ですが，高さがことなり，Aの高さは15cm，Bの高さは30cmです。この水そうに毎分6Lの割合<ruby>わりあい</ruby>で水を入れ，満水になったところで水を止めました。次のグラフは，水そうに水を入れ始めてからの時間と，水そうにたまった水の深さの関係を表したものです。ただし，水そうの厚さ<ruby>あつ</ruby>は考えないものとします。(15点/1つ5点)　〔浦和明の星女子中〕

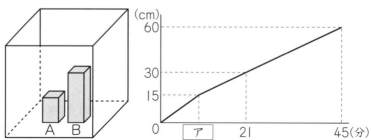

(1) 水そうの底面積は何cm² ですか。

（　　　　　　　　）

(2) おもりAの体積は何cm³ ですか。

（　　　　　　　　）

(3) グラフの ア に当てはまる数を答えなさい。

（　　　　　　　　）

小5

ハイクラステスト

算数

答え

答え

1 約 数

標準クラス p.2〜3

1 (1)8個 (2)224 (3)6個 (4)28

2 (1)4 (2)6 (3)18

3 (1)315＝3×3×5×7
(2)2002＝2×7×11×13

4 ア4，イ16 （ア16，イ4）

5 22，44，88

6 5

7 (1)45 (2)12 cm

8 （例）80＝16×5より，16の約数と，16の
約数に5をかけた数だけが80の約数になる
から。

解き方

1 (1)56の約数は，1，2，4，7，8，14，28，56
の8個。

(2)84の約数は1，2，3，4，6，7，12，14，
21，28，42，84だから，その和は，
1＋2＋3＋4＋6＋7＋12＋14＋21＋28＋
42＋84＝224

(3)36の約数は，1，2，3，4，6，9，12，18，
36
このうち，90の約数は，1，2，3，6，9，18
だから，36と90の公約数は，6個。

(4)48の約数は，1，2，3，4，6，8，12，16，
24，48
このうち，60の約数は，1，2，3，4，6，12
だから，48と60の公約数の和は，
1＋2＋3＋4＋6＋12＝28

2 それぞれの約数のうち，共通の約数で最大のもの
を求めます。

ポイント　最大公約数の求め方
（例）18と30の両方を
わり切ることのできる数で，わり
進むことができなくなるまでわり
算をします。
このとき，すべてのわる数の積，2×3＝6の6
が18と30の最大公約数になります。

$$\begin{array}{r} 2\,)\underline{18\quad30} \\ 3\,)\underline{\ 9\quad15} \\ 3\quad\ 5 \end{array}$$

3 (1)まず，315の一の位は5より，5でわり切れま
す。
315＝5×63
また，63＝9×7＝3×3×7で，3，5，7は素
数だから，
315＝3×3×5×7

(2)まず，2002は偶数より，2でわり切れます。
2002＝2×1001
1001は奇数より，3，5，7……でわることを
考えますが，3，5でわり切れる条件に合わな
いから，7でわります。
2002＝2×7×143
143を7より大きい素数の11でわります。
2002＝2×7×11×13
13は素数だから，これ以上はわれません。

ポイント　わり切れる条件

2でわり切れる…一の位の数が0，2，4，6，8
3でわり切れる…各位の数の和が3の倍数
4でわり切れる…下2けたが00か4の倍数
5でわり切れる…一の位の数が0か5
6でわり切れる…一の位の数が0，2，4，6，8で，
　　　　　　　　各位の数の和が3の倍数
8でわり切れる…下3けたが000か8の倍数
9でわり切れる…各位の数の和が9の倍数

4 64の約数をあげると，
1，2，4，8，16，32，64
この中で，和が20，積が64になる数の組み合わ
せを考えると，4と16となります。

5 求める整数を□とします。
100を□でわった答えを△余り12とすると，
100＝□×△＋12より，
□×△＝100－12＝88
よって，□は88の約数。
また，余りが12になるためには，□は12より
大きくなければならないから，
□＝22，44，88

6 余りをひいた2つの整数の公約数を求めます。
58－3＝55，42－2＝40
55と40の公約数は5と1だが，3余ることから，
わる数は4以上。
よって，答えは5となります。

7 (1)たてにならべたタイルは，35÷5＝7(まい)

横にならべたタイルは，63÷7＝9（まい）
よって，aの値は，5×9＝45
(2)324 と 204 の最大公約数は 12 より，12cm

ハイクラス   p.4～5

1 361
2 30，42
3 4人，8人，16人
4 14本
5 21
6 大の箱 4 個，中の箱 60 個
7 A 4，B 13，C 17
8 (1)1 (2)12，20 (3)13個

📖解き方

1 約数がちょうど 3 個あるのは，4＝2×2 のように，同じ素数□を使って□×□の形に表せる整数です（約数は 1，□，□×□）。
   素数を小さい順にかくと，2，3，5，7，11，13，17，19，……となり，8 番目の素数は 19 だから，求める整数は，19×19＝361

2 2 つの整数を 6×□，6×△とします。（□と△は 1 以外の公約数をもちません。）
   6×□×6×△＝1260 となり，
   36×□×△＝1260 □×△＝1260÷36
   □×△＝35
   よって，□と△の組み合わせとして，1 と 35，5 と 7 が考えられますが，2 つの整数は 2 けたの整数なので，6×5＝30 と 6×7＝42

3 りんごとみかんを子どもに同じ数ずつ配ることから，子どもの人数は，32 と 115－3＝112 の公約数。また，3 個余ることから，4 人以上の子どもがいることになります。
   32 と 112 の公約数は 1，2，4，8，16 より，子どもの数は，4 人か 8 人か 16 人。

4 長方形の 4 すみに植えて，24 m と 32 m に同じ間かくで木を植えるので，24 m と 32 m は木の間かくでわり切れます。つまり，木の間かくは 24 と 32 の公約数になります。また，その間かくを最大にするので，木の間かくは，最大公約数になります。
   24 と 32 の最大公約数は 8 より，木の間かくは 8 m だから，必要な木の本数は，
   (24＋32)×2÷8＝14(本)

5 71－8＝63，113－8＝105，134－8＝126
   わる数は，これらの整数の公約数，つまり 63，

105，126 の最大公約数 21 の約数で，21 の約数のうち 8 より大きいのは 21 しかないから，求める整数は，21

6 大の箱と中の箱の個数の合計は，
   424－360＝64（個）
   64÷2＝32（個）より，中の箱の個数は 32 以上 64 以下で，しかも 360 の約数でなければなりません。
   この条件にあてはまる数は 36，40，45，60 です。
   表に表すと，右のようになります。

   | 中 | 36 | 40 | 45 | 60 |
   | 大 | 28 | 24 | 19 | 4 |

   また，大の箱の個数は中の箱の個数の約数でなければなりません。
   表よりあてはまるのは，中の箱 60 個，大の箱 4 個であることがわかります。

7 B と C の積が 221 より，B，C どちらも奇数。
   A と B の積が 52 で，52＝2×2×13 より，(A，B)が(4，13)か(52，1)の組み合わせになります。
   また，C と A の積が 68 より，A は 52 ではないから 4，B は 13 に決まります。
   したがって，C は 68÷4＝17

8 (1)30÷1＝30，30÷2＝15，30÷3＝10，
   30÷4＝7 余り 2，30÷5＝6 より，1，2，3，5 でわり切れ，4 ではわり切れないから，
   【30】＝1
   (2)3 でのみわり切れない整数は，20
   5 でのみわり切れない整数は，12
   (3)すべての整数は 1 でわり切れ，2 でわり切れなれば 4 でわり切れません。
   よって，【A】＝1 となる整数は，3，4，5 のいずれか 1 つでわり切れない偶数になります。
   3 でのみわり切れない偶数は，
   4×5×（3 でわり切れない整数）の形をしているから，20，40，80，100 の 4 個。
   4 でのみわり切れない偶数は，
   2×3×5×（2 でわり切れない整数）の形をしているから，30，90 の 2 個。
   5 でのみわり切れない偶数は，
   4×3×（5 でわり切れない整数）の形をしているから，12，24，36，48，72，84，96 の 7 個。
   【A】＝1 となる整数は，4＋2＋7＝13(個)

2 倍 数

1 (1)150個 (2)100個 (3)50個
2 (1)0, 2, 4, 6, 8 (2)1, 4, 7
　(3)0, 4, 8 (4)0, 5 (5)4 (6)4
3 (1)72 (2)150 (3)60
4 96
5 97
6 456
7 48個
8 30まい
9 (1)午前8時24分
　(2)11回

解き方

1 (1)999÷6＝166余り3, 99÷6＝16余り3
　　より, 166－16＝150(個)
　(2)999÷9＝111, 99÷9＝11より,
　　111－11＝100(個)
　(3)6と9の公倍数は, 6と9の最小公倍数18の
　　倍数です。
　　999÷18＝55余り9, 99÷18＝5余り9
　　より, 55－5＝50(個)
2 (6)896□が3の倍数になり, 4の倍数にもなる
　　のは, □＝4のとき。

> **ポイント 倍数の条件**
> 2の倍数…一の位の数が0, 2, 4, 6, 8
> 3の倍数…各位の数の和が3の倍数
> 4の倍数…下2けたが00か4の倍数
> 5の倍数…一の位の数が0か5
> 9の倍数…各位の数の和が9の倍数

3 それぞれの倍数のうち, 共通の倍数で最小のもの
　を求めます。

> **ポイント 最小公倍数の求め方**
> (例)8と12の両方をわ　2)8　12
> り切ることのできる数で, わり進　2)4　6
> むことができなくなるまでわり算　　2　3
> をします。
> このとき, わる数といちばん下にならんだすべて
> の数の積, 2×2×2×3＝24の24が8と12
> の最小公倍数になります。

4 6と8の最小公倍数は, 24

24の倍数は, 24, 48, 72, 96, 120, ……より,
100に最も近い数は, 96
5 4でわっても, 6でわってもわり切れる数は, 4
と6の公倍数です。
余りが1ということから4と6の公倍数に1を
加えた数と考えます。
4と6の最小公倍数は12で,
100÷12＝8余り4
12×8＝96, 12×9＝108より,
100に最も近いのは, 96＋1＝97

> **ポイント 2つの数でわったとき, どちらでわっ
> てもある数だけ余る数の求め方**
> ㋐2つの数でわり切れるのは, その2つの数の
> 公倍数。
> ㋑余りの数を公倍数に加えると, 2つの数のどち
> らでわっても同じ数だけ余る。

6 100以上の整数のうち, 21でわると5余る最
小の整数は, 110
これは, 14でわると12余る整数でもあります。
14でわると12余り, 21でわると5余る整数
は, 14と21の最小公倍数42おきにあるから,
100から200までには110, 152, 194の3
つがあります。
その和は, 110＋152＋194＝456
7 太郎さんの話より, 「50より小さい数」で, 花子
さんの話より, 「12でも16でもわり切れる」こ
とから, 12と16の公倍数で50より小さい数
を求めます。
8 最も小さな正方形の1辺の長さは, 15と18の
最小公倍数を考えて, 90cm
たてのまい数は, 90÷15＝6(まい)
横のまい数は, 90÷18＝5(まい)
よって, 必要なタイルは,
6×5＝30(まい)
9 (1)電車とバスは午前8時に同時に発車した後,
　　電車は(8の倍数)分ごとに, バスは(12の倍
　　数)分ごとに発車するから, 次に同時に発車す
　　るのは, (8と12の最小公倍数)分後。
　　8と12の最小公倍数は24より, 午前8時
　　24分。
　(2)(1)より, 電車とバスは24分ごとに同時に発車
　　します。
　　午前8時から正午までは,
　　60×(12－8)＝240(分)あるから, この間に
　　同時に発車する回数は, 240÷24＝10より,
　　午前8時をふくめて,
　　10＋1＝11(回)

1 10220

2 384 cm

3 6月20日

4 29才

5 48回

6 (1)533個 (2)1874

7 (1)120m (2)6か所

8 20秒間

📖解き方

1 5でも7でもわり切れる数は、35の倍数。
百の位の数が2である5けたの整数のうち、最も小さい数は10200
10200÷35＝291.4……より、わり切れる数は、35×292＝10220

2 最も小さい正方形をつくったときの、たてと横のまい数の差を求めます。
たて8cm、横6cmより、最小の正方形は、8と6の最小公倍数24より、1辺が24cmの正方形になります。
このとき、たては24÷8＝3(まい)、
横は24÷6＝4(まい)で、その差は1まい。
したがって、差が16まいになるのは、
24×(16÷1)＝384(cm)

3 A、B、Cの3つの船は、8日ごと、10日ごと、16日ごとに出港することから、8、10、16の最小公倍数を求めます。
8、10、16の最小公倍数は80
4月は30日間、5月は31日間あるが、4月1日に同時に出港していることから、4月は残り29日間。
したがって、80−(29＋31)＝20(日)より、6月20日。

4 ヒント1とヒント2より、年れいに1をたすと3でも5でもわり切れることがわかります。
したがって、年れいは3と5の公倍数から1をひいた数であり、3と5の最小公倍数は15だから、15−1＝14、15×2−1＝29、……
これらの数のうち、ヒント3のように、7でわると1余る最小の数は、29です。

5 1から100までの整数について、
100÷3＝33余り1より、3の倍数は33個。
33÷3＝11より、9の倍数は11個。
11÷3＝3余り2より、27の倍数は3個。
3÷3＝1より、81の倍数は1個。

よって、1から100までの整数の積が3でわり切れる回数は、33＋11＋3＋1＝48(回)

6 (1)1から1000までの整数について、
1000÷3＝333余り1より、3の倍数は333個。
1000÷5＝200より、5の倍数は200個。
1000÷15＝66余り10より、15の倍数は66個。
問題の個数を求めるために3の倍数の個数と5の倍数の個数をひくと、15の倍数を2回ひいてしまうので、これをたすと、
1000−333−200＋66＝533(個)

(2)1から15までの整数のうち、作業後に残る整数は、1、2、4、7、8、11、13、14の8個。
この最後の数14は、15より1だけ小さい。
1000÷8＝125より、残った整数のうち1000番目に小さい整数は、15×125−1＝1874

7 (1)赤旗は6m、白旗は8mの間かくで立っています。
6と8の最小公倍数は24より、24mの間に赤旗が24÷6＝4(本)、白旗が24÷8＝3(本)立っており、その差は1本。差が5本より、
24×(5÷1)＝120(m)

(2)24mごとに同じ位置に両方の旗が立つことから、120÷24＝5より、スタートラインをふくめて6か所。

8 次の図より、3秒間と5秒間の最小公倍数の15秒間に、両方の電球がついている時間は、6秒間。
赤：○○●○○○○○●●○●○○○
青：○○○○●●○○○●●○○○●●
(○は点灯、●は消灯を表します)
48÷15＝3余り3より、このくり返しは3回起こるから、15×3＝45(秒間)に両方点灯しているのは、6×3＝18(秒間)
残りの3秒間で両方点灯しているのは、2秒間。
両方点灯しているのは全部で、18＋2＝20(秒間)

3 分数の性質

1 (1)$\frac{2}{3}$ (2)$\frac{4}{3}$ (3)$\frac{2}{5}$ (4)$\frac{2}{3}$ (5)$\frac{5}{12}$ (6)$\frac{21}{25}$

2 ㋐$\frac{7}{10}$ ㋑$\frac{5}{9}$ ㋒$\frac{7}{10}$

3 (1)エ，オ (2)イ，ク (3)ウ，ケ (4)ア

[4] $\frac{11}{15}$

[5] $\frac{4}{15}$

[6] 11

[7] 9

[8] 7つ

[9] 2

[10] (例)分母と分子の両方が偶数のとき2で約分できて，2で約分することをくり返すと分母と分子の少なくとも一方は奇数になるから。

解き方

[1] 約分するには，分母と分子を，それらの最大公約数でわります。

(1)56と84の最大公約数は28だから，

$\frac{56}{84}=\frac{2}{3}$

[2] 通分して比べます。

㋐$\frac{7}{10}=\frac{28}{40}$，$\frac{5}{8}=\frac{25}{40}$ より，$\frac{7}{10}$

㋑$\frac{5}{9}=\frac{55}{99}$，$\frac{6}{11}=\frac{54}{99}$ より，$\frac{5}{9}$

㋒$\frac{7}{10}=\frac{63}{90}$，$\frac{5}{9}=\frac{50}{90}$ より，$\frac{7}{10}$

[3] ア $1\frac{2}{12}=1\frac{1}{6}=\frac{7}{6}$

イ 分母・分子を，ともに3倍します。

$\frac{2}{3}=\frac{6}{9}$

ウ $\frac{9}{6}=1\frac{3}{6}=1\frac{1}{2}$

エ 分母・分子を，ともに9でわります。

$\frac{27}{36}=\frac{3}{4}$

オ 分母・分子を，ともに6でわります。

$\frac{18}{24}=\frac{3}{4}$

ク $\frac{8}{12}=\frac{2}{3}=\frac{6}{9}$

ケ $1\frac{6}{12}=1\frac{1}{2}$

[4] 求める分数を $\frac{□}{15}$ として，$\frac{3}{4}$ と通分すると，

$\frac{□\times4}{60}$，$\frac{45}{60}$ となります。

□×4が45に最も近い4の倍数になればよいから，□＝11

よって，求める分数は，$\frac{11}{15}$

[5] 2つの数の真ん中にある数は，$\frac{1}{3}$ と $\frac{1}{5}$ を通分すると $\frac{5}{15}$ と $\frac{3}{15}$ になることから，$\frac{4}{15}$ です。

[6] 求める分子を□とすると，$\frac{1}{12}<\frac{□}{48}<\frac{17}{24}$

通分すると，$\frac{4}{48}<\frac{□}{48}<\frac{34}{48}$

$\frac{4}{48}$ と $\frac{34}{48}$ の間にあって，約分できない分数は，

$\frac{5}{48}$，$\frac{7}{48}$，$\frac{11}{48}$，……

□は3番目に小さいから，□＝11

[7] □は1＜0.12×□にあてはまる最小の整数。

0.12×8＝0.96，0.12×9＝1.08より，

□＝9

[8] $\frac{1}{2}$，$\frac{1}{4}$，$\frac{1}{5}$，$\frac{1}{8}$，$\frac{1}{10}$，$\frac{1}{16}$，$\frac{1}{20}$ の7つ

ポイント 分数がいつまでも続かない小数で表せるための条件は，分母をわり切る素数が2または5のみ(一方または両方)であること。

[9] $\frac{2}{7}$=0.285714……の……以下には6個周期で2，8，5，7，1，4の数字が現れます。

85÷6＝14余り1より，小数第85位の数字は，それらの数字を14回くり返した後の1つ目の数字だから，2です。

ハイクラス

p.12〜13

[1] ア，ウ，エ

[2] (1)最も大きい数1.4，最も小さい数 $1\frac{1}{5}$

(2)最も大きい数3，最も小さい数 $\frac{3}{5}$

[3] $\frac{1}{2}$ と $\frac{2}{4}$ と $\frac{3}{6}$，$\frac{1}{3}$ と $\frac{2}{6}$，$\frac{2}{3}$ と $\frac{4}{6}$

[4] 5

[5] $\frac{88}{136}$

[6] (1)最も小さいもの23，
最も大きいもの73

(2)18個

[7] (1)$\frac{3}{2}$，$\frac{7}{2}$，$\frac{2}{8}$，$\frac{3}{8}$，$\frac{7}{8}$

(2)$\frac{8}{2}$

(3)$\frac{2}{3}$，$\frac{7}{3}$，$\frac{8}{3}$，$\frac{2}{7}$，$\frac{3}{7}$，$\frac{8}{7}$

解き方

1 ア$4\div5=\frac{4}{5}$

ウ$\frac{52}{65}=\frac{4}{5}$

エ$0.8=\frac{8}{10}=\frac{4}{5}$

2 大小を比べるときは，分数か小数のどちらかに合わせると大小がわかりやすいです。

3 できる分数は，

$\frac{1}{2}$，$\frac{1}{3}$，$\frac{2}{3}$，$\frac{1}{4}$，$\frac{2}{4}$，$\frac{3}{4}$，$\frac{1}{5}$，$\frac{2}{5}$，$\frac{3}{5}$，$\frac{4}{5}$，

$\frac{1}{6}$，$\frac{2}{6}$，$\frac{3}{6}$，$\frac{4}{6}$，$\frac{5}{6}$

の 15 個です。

この中から，同じ大きさになる分数を調べます。

4 $\frac{4}{7}$ の分母と分子の差は，3

$\frac{3}{4}$ の分母と分子の差は，1

$3\div1=3$ より，$\frac{3}{4}$ の分母と分子を 3 倍すると，

$\frac{3\times3}{4\times3}=\frac{9}{12}$ で，このとき，分母と分子の差が 3 になります。

よって，$\frac{4}{7}$ の分母と分子に加えた数は，5

5 $\frac{11}{17}$ の分母と分子の差は，

$17-11=6$

$48\div6=8$ より，分母と分子を 8 倍します。

$\frac{11\times8}{17\times8}=\frac{88}{136}$

6 (1)分母がことなる分数の場合，通分して分母をそろえることがたいせつです。

通分すると，$\frac{96}{60}<\frac{㋐\times5}{60}<\frac{378}{60}$ となります。

㋐×5 にはいる整数は，97 以上 377 以下です。

約分して分母が 12 になるという条件より，㋐×5 は，5 を約数としてもち，1 以外に 12 との公約数をもたないから，最小は 115，最大は 365 となります。

$\frac{115}{60}=\frac{23}{12}$，$\frac{365}{60}=\frac{73}{12}$

(2)㋐×5 で(1)の条件をみたすものは，

115，125，145，155，175，185，
205，215，235，245，265，275，
295，305，325，335，355，365

の 18 個。

よって，条件を満たす㋐は，18 個。

7 (1)いつまでも続かない小数で表せる分数は，分母が 2 か 8 のときです。

この条件に合う分数は，

$\frac{3}{2}$，$\frac{7}{2}$，$\frac{8}{2}$，$\frac{2}{8}$，$\frac{3}{8}$，$\frac{7}{8}$

ここで，$\frac{8}{2}$ は整数に直せるのでのぞきます。

(3)整数でもいつまでも続かない小数でも表せない分数は，分母が 3 か 7 のときです。

すなわち，$\frac{2}{3}$，$\frac{7}{3}$，$\frac{8}{3}$，$\frac{2}{7}$，$\frac{3}{7}$，$\frac{8}{7}$です。

4 分数のたし算とひき算

標準クラス

p.14～15

1 (1)$\frac{19}{28}$ (2)$\frac{13}{15}$ (3)$1\frac{1}{20}\left(\frac{21}{20}\right)$ (4)$1\frac{1}{6}\left(\frac{7}{6}\right)$

(5)$5\frac{1}{2}\left(\frac{11}{2}\right)$ (6)$\frac{13}{63}$ (7)$\frac{1}{2}$ (8)$\frac{23}{45}$

(9)$1\frac{1}{2}\left(\frac{3}{2}\right)$

2 (1)$2\frac{1}{45}\left(\frac{91}{45}\right)$ (2)$4\frac{5}{8}\left(\frac{37}{8}\right)$ (3)$\frac{11}{12}$

(4)$1\frac{3}{4}\left(\frac{7}{4}\right)$ (5)$3\frac{1}{3}\left(\frac{10}{3}\right)$ (6)$\frac{9}{10}$

(7)$2\frac{1}{8}\left(\frac{17}{8}\right)$ (8)$\frac{3}{8}$

3 (1)$\frac{4}{5}$ (2)$\frac{8}{9}$

4 $3\frac{7}{20}$ kg$\left(\frac{67}{20}\text{kg}\right)$

5 $5\frac{23}{60}$ km$\left(\frac{323}{60}\text{km}\right)$

6 6

7 ア 10100，イ 100

解き方

1 分母のことなる分数のたし算・ひき算は，通分してから計算します。

通分する場合は，それぞれの分数の分母の最小公倍数を共通の分母にします。

(2)$\frac{1}{6}+\frac{7}{10}=\frac{5}{30}+\frac{21}{30}=\frac{26}{30}=\frac{13}{15}$

帯分数のたし算・ひき算は，帯分数を整数部分と分数部分に分けて計算します。

(5)$1\frac{2}{3}+3\frac{5}{6}=1+3+\frac{4}{6}+\frac{5}{6}=4+\frac{9}{6}=4+\frac{3}{2}$

$=4+1\frac{1}{2}=5\frac{1}{2}$

帯分数のひき算で，分数部分がひけないときは，整数部分からくり下げて計算します。

(8) $1\frac{1}{9}-\frac{3}{5}=\frac{10}{9}-\frac{3}{5}=\frac{50}{45}-\frac{27}{45}=\frac{23}{45}$

2 3個以上の分数のたし算・ひき算は，各分数の分母が同じになるように通分して計算します。

(1) $\frac{2}{3}+\frac{4}{5}+\frac{5}{9}=\frac{30}{45}+\frac{36}{45}+\frac{25}{45}=\frac{91}{45}=2\frac{1}{45}$

3 (1) $\frac{1}{1\times2}+\frac{1}{2\times3}+\frac{1}{3\times4}+\left(\frac{1}{4}-\frac{1}{5}\right)$

$=\frac{2-1}{1\times2}+\frac{3-2}{2\times3}+\frac{4-3}{3\times4}+\left(\frac{1}{4}-\frac{1}{5}\right)$

$=\frac{1}{1}-\frac{1}{2}+\frac{1}{2}-\frac{1}{3}+\frac{1}{3}-\frac{1}{4}+\frac{1}{4}-\frac{1}{5}$

$=1-\frac{1}{5}=\frac{4}{5}$

(2) $\frac{2}{1\times3}+\frac{2}{3\times5}+\frac{2}{5\times7}+\left(\frac{1}{7}-\frac{1}{9}\right)$

$=\frac{3-1}{1\times3}+\frac{5-3}{3\times5}+\frac{7-5}{5\times7}+\left(\frac{1}{7}-\frac{1}{9}\right)$

$=\frac{1}{1}-\frac{1}{3}+\frac{1}{3}-\frac{1}{5}+\frac{1}{5}-\frac{1}{7}+\frac{1}{7}-\frac{1}{9}$

$=1-\frac{1}{9}=\frac{8}{9}$

4 $2\frac{3}{5}+\frac{3}{4}=2\frac{12}{20}+\frac{15}{20}=2\frac{27}{20}=3\frac{7}{20}$(kg)

5 $7\frac{1}{3}-1\frac{3}{4}-\frac{1}{5}=7\frac{20}{60}-1\frac{45}{60}-\frac{12}{60}$

$=\frac{440}{60}-\frac{105}{60}-\frac{12}{60}=\frac{323}{60}=5\frac{23}{60}$(km)

6 分母36の約数で，36より小さい約数は，1，2，3，4，6，9，12，18
このうち，1をのぞいた約数の倍数が分子になると約分できるから，残る分子は，1，5，7，11，13，17，19，23，25，29，31，35
したがって，これらの数の和は216より，
$\frac{216}{36}=6$

7 $\frac{1}{イ}-\frac{1}{101}=\frac{1}{ア}$ だから，イ＝100，
ア＝100×101＝10100

ハイクラス　　　　　　　　　　p.16～17

1 (1)$\frac{1}{36}$ (2)$\frac{1}{64}$ (3)$2\frac{2}{5}\left(\frac{12}{5}\right)$ (4)$\frac{17}{24}$ (5)10

(6)$\frac{1}{2}$ (7)$\frac{63}{64}$ (8)$\frac{21}{32}$

2 (1)1 (2)3 (3)12

3 $\frac{24}{25}$

---

4 $\frac{1}{2}+\frac{2}{3}+\frac{3}{4}+\frac{4}{5}+\frac{5}{6}+\frac{6}{7}+\frac{7}{8}+\frac{8}{9}$

$=1-\frac{1}{2}+1-\frac{1}{3}+1-\frac{1}{4}+1-\frac{1}{5}+1-\frac{1}{6}$

$+1-\frac{1}{7}+1-\frac{1}{8}+1-\frac{1}{9}$

$=8-\left(\frac{1}{2}+\frac{1}{3}+\frac{1}{4}+\frac{1}{5}+\frac{1}{6}+\frac{1}{7}+\frac{1}{8}+\frac{1}{9}\right)$

において，最後の式は

$\frac{1}{2}+\frac{1}{3}+\frac{1}{4}+\frac{1}{5}+\frac{1}{6}+\frac{1}{7}+\frac{1}{8}+\frac{1}{9}$

の値がわかれば計算できるから。

5 (1)$2\frac{1}{3}\left(\frac{7}{3}\right)$ (2)2016

6 (22, 99)，(24, 72)，(27, 54)，(30, 45)

7 2，3，5(同じ順でなくてもよい。)

📖**解き方**

1 通分するときは，それぞれの分母の最小公倍数を共通の分母にします。

また，$\frac{b-a}{a\times b}=\frac{1}{a}-\frac{1}{b}$ という式を利用すると，計算がかんたんになることがあります。

(6) $\frac{1}{5}+\frac{1}{7}+\frac{1}{12}+\frac{1}{20}+\frac{1}{42}$

$=\frac{1}{5}+\frac{1}{7}+\frac{4-3}{3\times4}+\frac{5-4}{4\times5}+\frac{7-6}{6\times7}$

$=\frac{1}{5}+\frac{1}{7}+\frac{1}{3}-\frac{1}{4}+\frac{1}{4}-\frac{1}{5}+\frac{1}{6}-\frac{1}{7}$

$=\frac{1}{3}+\frac{1}{6}=\frac{3}{6}=\frac{1}{2}$

> 👉**ポイント** **3つ以上の数の最小公倍数の求め方**
>
> （例）3つの数81，108，162の最小公倍数を求める場合，このうち2つ以上の数をわり切ることのできる数2でわります。このとき，わり切れない数81はそのまま下に書きます。同様にして，2つ以上の数をわり切る数がなくなるまでわり進みます。2つ以上の数をわり切ることのできたすべての数と最後に残った数の積 2×3×3×3×3×1×2×1＝324 が81，108，162の最小公倍数になります。
>
> ```
> 2) 81  108  162
> 3) 81   54   81
> 3) 27   18   27
> 3)  9    6    9
> 3)  3    2    3
>     1    2    1
> ```

2 (1)$\frac{\square}{6}=\frac{3}{10}-\frac{2}{15}=\frac{9}{30}-\frac{4}{30}=\frac{5}{30}=\frac{1}{6}$

(2)$\square\frac{11}{12}=2\frac{2}{3}+\frac{5}{4}=2\frac{8}{12}+\frac{15}{12}=2\frac{23}{12}=3\frac{11}{12}$

(3)$\frac{37}{\square}=2\frac{1}{3}+\frac{3}{4}=2\frac{4}{12}+\frac{9}{12}=2\frac{13}{12}=\frac{37}{12}$

[3] $\frac{3}{1\times4}+\frac{5}{4\times9}+\frac{7}{9\times16}+\frac{9}{16\times25}$

$=\frac{4-1}{1\times4}+\frac{9-4}{4\times9}+\frac{16-9}{9\times16}+\frac{25-16}{16\times25}$

$=1-\frac{1}{4}+\frac{1}{4}-\frac{1}{9}+\frac{1}{9}-\frac{1}{16}+\frac{1}{16}-\frac{1}{25}=1-\frac{1}{25}$

$=\frac{24}{25}$

[5] (1) 12 の約数は，1，2，3，4，6，12 だから，

$\frac{1}{1}+\frac{1}{2}+\frac{1}{3}+\frac{1}{4}+\frac{1}{6}+\frac{1}{12}$

$=\frac{12+6+4+3+2+1}{12}=\frac{28}{12}=\frac{7}{3}=2\frac{1}{3}$

(2) X の約数の逆数の和 $=\frac{\text{X の約数の和}}{X}$ より，

$\frac{6552}{X}=3\frac{1}{4}=\frac{13}{4}$　$13\times X=6552\times4$

$X=6552\times4\div13=2016$

[6] $\frac{1}{18}=\frac{1}{a}+\frac{1}{b}$，$a<b$ と，$\frac{1}{18}\div2=\frac{1}{36}$ より，

$18<a<36$

19 以上 35 以下の整数 a について，

$\frac{1}{18}-\frac{1}{a}=\frac{a-18}{18\times a}$ が $\frac{1}{b}$（b は 100 以下の整数）の形

になるのは，a＝22，24，27，30 のときの

$\frac{4}{18\times22}=\frac{1}{99}$，$\frac{6}{18\times24}=\frac{1}{72}$，$\frac{9}{18\times27}=\frac{1}{54}$，

$\frac{12}{18\times30}=\frac{1}{45}$ に限る(かぎ)から，

$(a,\ b)=(22,\ 99),\ (24,\ 72),\ (27,\ 54),$
$(30,\ 45)$

[7] 30 の約数は，1，2，3，5，6，10，15，30
この中で 3 つの数の和が 31 になるのは，6，10，15 だから，

$\frac{31}{30}=\frac{15+10+6}{30}=\frac{15}{30}+\frac{10}{30}+\frac{6}{30}=\frac{1}{2}+\frac{1}{3}+\frac{1}{5}$

したがって，答えは，2，3，5

5 分数のかけ算

標準クラス

p.18〜19

[1] (1) $8\frac{4}{5}\left(\frac{44}{5}\right)$　(2) $26\frac{1}{4}\left(\frac{105}{4}\right)$

(3) $102\frac{6}{7}\left(\frac{720}{7}\right)$　(4) 100　(5) $\frac{5}{22}$

(6) $\frac{3}{28}$　(7) $1\frac{5}{49}\left(\frac{54}{49}\right)$　(8) $2\frac{1}{25}\left(\frac{51}{25}\right)$

(9) $22\frac{1}{2}\left(\frac{45}{2}\right)$　(10) $17\frac{17}{23}\left(\frac{408}{23}\right)$

[2] (1) 17　(2) 20　(3) 5　(4) $26\frac{4}{7}\left(\frac{186}{7}\right)$

[3] (1) 3　(2) $\frac{4}{15}$

[4] 180

[5] $2\frac{1}{6}$ dL

[6] 1600 人

[7] 100 人

解き方

※この本では，小学 6 年で学習する「分数のかけ算とわり算」も発展的内容(はってんてきないよう)としてあつかっています。

[1] 分数に整数をかける場合は，分子に整数をかけます。計算のとちゅうで約分できるときは，先に約分しておきます。

(1) $\frac{11}{45}\times36=\frac{11\times\overset{4}{\cancel{36}}}{\underset{5}{\cancel{45}}}=\frac{44}{5}=8\frac{4}{5}$

帯分数のかけ算は，仮分数(かぶんすう)に直して計算します。

(3) $1\frac{17}{63}\times81=\frac{80}{63}\times81=\frac{80\times\overset{9}{\cancel{81}}}{\underset{7}{\cancel{63}}}=\frac{720}{7}$

$=102\frac{6}{7}$

分数に分数をかける場合は，分子どうし，分母どうしをかけます。

(5) $\frac{25}{84}\times\frac{42}{55}=\frac{\overset{5}{\cancel{25}}\times\overset{1}{\cancel{42}}}{\underset{2}{\cancel{84}}\times\underset{11}{\cancel{55}}}=\frac{5}{22}$

[2] (　) の中を先に計算します。

(1) $\left(\frac{9}{12}+\frac{8}{12}\right)\times12=\frac{17}{12}\times12=17$

[別解] 分配法則(ぶんぱいほうそく)を利用します。

$\frac{3}{4}\times12+\frac{2}{3}\times12=9+8=17$

[3] かけ算とわり算を先に計算し，「□＝」の形に式を変形します。

(1) $□-\frac{9}{4}=\frac{3}{4}$　$□=\frac{3}{4}+\frac{9}{4}=\frac{12}{4}=3$

(2) $□\div4+\frac{1}{3}=\frac{2}{5}$

$□\div4=\frac{2}{5}-\frac{1}{3}=\frac{6}{15}-\frac{5}{15}=\frac{1}{15}$

$□=\frac{1}{15}\times4=\frac{4}{15}$

[4] 3 つの分数に分母 12，15，18 の公倍数をかけると答えがすべて整数になるから，求める整数は，12，15，18 の最小公倍数で，180

[5] $1\frac{1}{4}\times6=7\frac{1}{2}$(dL)　$9\frac{2}{3}-7\frac{1}{2}=2\frac{1}{6}$(dL)

6 南町の人口は中町の $\frac{1}{3}$ 倍で，北町はその $\frac{4}{5}$ 倍

だから，北町の人口は，

$6000 \times \frac{1}{3} \times \frac{4}{5} = 1600$（人）

7 4年生の児童数は，$96 \times \frac{7}{8} + 6 = 90$（人）

5年生の児童数は，

$90 \times 1\frac{1}{9} = 90 \times \frac{10}{9} = 100$（人）

➡ ハイクラス
p.20〜21

1 (1) $1\frac{2}{3}\left(\frac{5}{3}\right)$　(2) 210　(3) 3　(4) $11\frac{1}{5}\left(\frac{56}{5}\right)$

(5) $\frac{8}{105}$　(6) $\frac{1}{5}$　(7) $\frac{256}{105}\left(2\frac{46}{105}\right)$　(8) $2\frac{1}{2}\left(\frac{5}{2}\right)$

2 (1) $\frac{33}{50}$　(2) $14\frac{1}{6}\left(\frac{85}{6}\right)$　(3) $\frac{2}{3}$　(4) 1

(5) $9\frac{1}{3}\left(\frac{28}{3}\right)$

3 (1) ア 3，イ 4，ウ 5（イ 5，ウ 4 も可）

(2) ア 5，イ 3，ウ 4（イ 4，ウ 3 も可）

4 $4\frac{4}{5}\left(\frac{24}{5}\right)$

5 (1) $522\frac{3}{4}$ cm　(2) $273267\frac{9}{16}$ cm²

📖 解き方

1 (2) $1\frac{1}{20} \times 8 \times 25 = \frac{21}{20} \times 8 \times 25 = \frac{21 \times \overset{2}{8} \times \overset{5}{25}}{\underset{1}{20}}$
$= 210$

(5) $\frac{1}{3} \times \frac{2}{5} \times \frac{4}{7} = \frac{1 \times 2 \times 4}{3 \times 5 \times 7} = \frac{8}{105}$

2 (1) $\left(\frac{5}{20} + \frac{28}{20}\right) \times \frac{2}{5} = \frac{33}{20} \times \frac{2}{5} = \frac{33}{50}$

3 (1) かけ算で答えを大きくするには，分母を小さくします。

$\frac{4}{3} \times 5 = \frac{20}{3}$，$\frac{5}{3} \times 4 = \frac{20}{3}$

(2) かけ算で答えを小さくするには，分母を大きくします。

$\frac{3}{5} \times 4 = \frac{12}{5}$，$\frac{4}{5} \times 3 = \frac{12}{5}$

4 $4\frac{3}{8} = \frac{35}{8}$，$4\frac{7}{12} = \frac{55}{12}$

かける数の分子は，8，12 の最小公倍数の 24。
かける数の分母は，35，55 の最大公約数の 5。
よって，$\frac{24}{5} = 4\frac{4}{5}$

5 (1) 花だんの 1 辺には 160÷4+1=41（個）のブ

ロックがならぶから，花だんの 1 辺の長さは，

$12\frac{3}{4} \times 41 = \frac{2091}{4} = 522\frac{3}{4}$（cm）

(2) $\frac{2091}{4} \times \frac{2091}{4} = 273267\frac{9}{16}$（cm²）

6 分数のわり算

Ⴤ 標準クラス
p.22〜23

1 (1) $\frac{3}{49}$　(2) $\frac{5}{154}$　(3) $\frac{3}{56}$　(4) $\frac{7}{90}$　(5) $\frac{10}{11}$

(6) $10\frac{1}{2}\left(\frac{21}{2}\right)$　(7) $10\frac{5}{7}\left(\frac{75}{7}\right)$　(8) $\frac{8}{21}$

(9) $\frac{8}{9}$　(10) 4

2 (1) $\frac{7}{16}$　(2) $\frac{19}{105}$　(3) $\frac{1}{30}$　(4) $\frac{1}{100}$

3 (1) 4　(2) $\frac{1}{6}$

4 (1) $\frac{4}{15}$ kg　(2) $14\frac{2}{5}$ m　(3) $\frac{19}{24}$

5 3000 円

📖 解き方

1 分数を整数でわる場合は，分母に整数をかけます。計算のとちゅうで約分できるときは，先に約分します。

(1) $\frac{45}{49} \div 15 = \frac{\overset{3}{45}}{49 \times \underset{1}{15}} = \frac{3}{49}$

分数を分数でわる場合は，逆数（分母と分子をいれかえた分数）をかけます。

(5) $\frac{25}{36} \div \frac{55}{72} = \frac{25}{36} \times \frac{72}{55} = \frac{\overset{5}{25} \times \overset{2}{72}}{\underset{1}{36} \times \underset{11}{55}} = \frac{10}{11}$

2 （　）の中を先に計算します。

(1) $\left(\frac{3}{8} + \frac{4}{8}\right) \div 2 = \frac{7}{8} \div 2 = \frac{7}{8 \times 2} = \frac{7}{16}$

3 かけ算とわり算を先に計算し，「□＝」の形に式を変形します。

(1) $□ - \frac{1}{4} = 3\frac{3}{4}$　$□ = 3\frac{3}{4} + \frac{1}{4} = 4$

(2) $□ \times 4 - \frac{2}{5} = \frac{4}{15}$　$□ \times 4 = \frac{4}{15} + \frac{2}{5} = \frac{2}{3}$

$□ = \frac{2}{3} \div 4 = \frac{1}{6}$

4 (1) $1\frac{3}{5} \div 6 = \frac{8}{5} \div 6 = \frac{4}{15}$（kg）

(2) $1\frac{1}{5}a = \left(1\frac{1}{5} \times 100\right)$ m² $= 120$ m²

$$120 \div 8\frac{1}{3} = 120 \div \frac{25}{3} = 120 \times \frac{3}{25} = 14\frac{2}{5}(\text{m})$$

(3) $\left(\dfrac{3}{4} + \dfrac{5}{6}\right) \div 2 = \dfrac{19}{12} \div 2 = \dfrac{19}{24}$

5 次郎さんの所持金は，

$$(5000 - 200) \div 1\frac{1}{3} = 4800 \div \frac{4}{3} = 3600(\text{円})$$

三郎さんの所持金は，$3600 \div 1\frac{1}{5} = 3000(\text{円})$

ハイクラス　　p.24〜25

1 (1) $\dfrac{1}{30}$　(2) $\dfrac{2}{105}$　(3) $\dfrac{5}{16}$　(4) $\dfrac{1}{96}$　(5) 2

(6) $4\frac{2}{7}\left(\dfrac{30}{7}\right)$　(7) $8\frac{1}{3}\left(\dfrac{25}{3}\right)$　(8) $4\frac{9}{10}\left(\dfrac{49}{10}\right)$

2 (1) $2\frac{11}{12}\left(\dfrac{35}{12}\right)$　(2) $1\frac{4}{5}\left(\dfrac{9}{5}\right)$　(3) $1\frac{2}{3}\left(\dfrac{5}{3}\right)$

(4) $\dfrac{1}{3}$　(5) 2

3 (1) ア 3，イ 5，ウ 4（ア 4，ウ 3 も可）
　　(2) ア 5，イ 3，ウ 4（ア 4，ウ 5 も可）

4 3

5 (1) 144　(2) 145

解き方

1 (2) $1\dfrac{3}{5} \div 6 \div 14 = \dfrac{8}{5} \times \dfrac{1}{6} \times \dfrac{1}{14} = \dfrac{\overset{2}{\cancel{8}} \times 1 \times 1}{5 \times \underset{3}{\cancel{6}} \times \underset{7}{\cancel{14}}}$

$\qquad = \dfrac{2}{105}$

(5) $\dfrac{3}{4} \div \dfrac{2}{5} \div \dfrac{15}{16} = \dfrac{3}{4} \times \dfrac{5}{2} \times \dfrac{16}{15} = \dfrac{\overset{1}{\cancel{3}} \times \overset{1}{\cancel{5}} \times \overset{2}{\cancel{16}}}{\underset{1}{\cancel{4}} \times \underset{1}{\cancel{2}} \times \underset{1}{\cancel{15}}} = 2$

2 (1) $\left(\dfrac{4}{12} + \dfrac{21}{12}\right) \div \dfrac{5}{7} = \dfrac{25}{12} \div \dfrac{5}{7} = \dfrac{25}{12} \times \dfrac{7}{5} = \dfrac{35}{12}$

$\qquad = 2\dfrac{11}{12}$

3 (1) わり算で答えを最も大きくするには，分母が 3
　　 × 4 または 4 × 3 となるようにします。

$\qquad \dfrac{5}{3} \div 4 = \dfrac{5}{12}$，$\dfrac{5}{4} \div 3 = \dfrac{5}{12}$

(2) わり算で答えを最も小さくするには，分母が 5
　　 × 4 または 4 × 5 となるようにします。

$\qquad \dfrac{3}{5} \div 4 = \dfrac{3}{20}$，$\dfrac{3}{4} \div 5 = \dfrac{3}{20}$

4 $3\dfrac{1}{3} \div \square > 1$ より，$\dfrac{10}{3 \times \square} > 1$　$10 > 3 \times \square$

$\quad 5\dfrac{3}{4} \div \square < 2$ より，$\dfrac{23}{4 \times \square} < 2$　$23 < 8 \times \square$

　　□にあてはまる整数は，□= 3

5 (1) ある数を□とすると，

$$\square \div \frac{2}{3} \times \frac{3}{4} - 17 = \square \div \frac{3}{4} \times \frac{2}{3} + 17$$

$$\square \times \frac{9}{8} - 17 = \square \times \frac{8}{9} + 17 \quad \square \times \frac{17}{72} = 34$$

$$\square = 34 \div \frac{17}{72} = 144$$

(2) $144 \times \dfrac{9}{8} - 17 = 145$

---

7 分数の計算

標準クラス　　p.26〜27

1 (1) $1\frac{41}{60}\left(\dfrac{101}{60}\right)$　(2) $\dfrac{2}{3}$　(3) $2\frac{1}{10}\left(\dfrac{21}{10}\right)$　(4) $\dfrac{1}{2}$

(5) $\dfrac{1}{4}$

2 (1) $\dfrac{7}{30}$　(2) $\dfrac{1}{3}$　(3) $1\frac{4}{9}\left(\dfrac{13}{9}\right)$　(4) $\dfrac{9}{10}$

(5) $4\frac{1}{2}\left(\dfrac{9}{2}\right)$

3 (1) 22　(2) $11\frac{2}{3}\left(\dfrac{35}{3}\right)$　(3) $\dfrac{3}{10}$　(4) $\dfrac{3}{4}$

4 $1 - \left(\dfrac{1}{4} + \dfrac{1}{8}\right) \div \dfrac{3}{4} = \dfrac{1}{2}$

5 ×

6 （例）$\left(\dfrac{1}{2} + \dfrac{2}{3}\right) \div \dfrac{3}{4}$ に $\dfrac{4}{5}$ をかけるところを，

　　$\left(\dfrac{1}{2} + \dfrac{2}{3}\right)$ を $\dfrac{3}{4} \times \dfrac{4}{5}$ でわっているから。

解き方

1 たし算・ひき算とかけ算・わり算の混じった計算
では，かけ算とわり算を先に計算します。

(1) $\dfrac{3}{4} + \dfrac{2}{3} \div \dfrac{1}{2} - \dfrac{2}{5} = \dfrac{3}{4} + \dfrac{4}{3} - \dfrac{2}{5} = \dfrac{101}{60} = 1\dfrac{41}{60}$

（　）をふくむ計算では，（　）の中を先に計算しま
す。

(2) $\left(\dfrac{12}{5} + \dfrac{4}{3}\right) \div 2\dfrac{4}{5} - \dfrac{2}{3} = \dfrac{56}{15} \div \dfrac{14}{5} - \dfrac{2}{3} = \dfrac{4}{3} - \dfrac{2}{3}$

$\qquad = \dfrac{2}{3}$

2 小数を分数に直して計算します。

(1) $\left(\dfrac{4}{3} - 0.3\right) \div 3.1 - 0.1 = \left(\dfrac{4}{3} - \dfrac{3}{10}\right) \div \dfrac{31}{10} - \dfrac{1}{10}$

$\qquad = \dfrac{31}{30} \div \dfrac{31}{10} - \dfrac{1}{10} = \dfrac{1}{3} - \dfrac{1}{10} = \dfrac{7}{30}$

3 (1) $\left(\dfrac{19}{16} + \square\right) \times \dfrac{1}{7} = 1 + 2\dfrac{5}{16} = \dfrac{53}{16}$

$\frac{19}{16}+□=\frac{53}{16}÷\frac{1}{7}=\frac{371}{16}$

$□=\frac{371}{16}-\frac{19}{16}=\frac{352}{16}=22$

4 $1-\left(\frac{1}{4}+\frac{1}{8}\right)÷\frac{3}{4}=1-\frac{3}{8}÷\frac{3}{4}=1-\frac{1}{2}=\frac{1}{2}$

5 $\frac{2}{3}□\frac{1}{2}=\frac{1}{2}-\frac{1}{6}=\frac{1}{3}$ より，□に入るのは，×

➡ ハイクラス p.28~29

1 (1)$1\frac{1}{5}\left(\frac{6}{5}\right)$ (2)3 (3)$2\frac{2}{3}\left(\frac{8}{3}\right)$ (4)$1\frac{1}{4}\left(\frac{5}{4}\right)$

(5)$2\frac{14}{57}\left(\frac{128}{57}\right)$

2 (1)257 (2)31.41 (3)0 (4)1 (5)1

3 (1)$\frac{1}{2}$ (2)$\frac{2}{5}$ (3)$1\frac{9}{14}\left(\frac{23}{14}\right)$

4 (1)$\frac{12}{25}$ (2)$\frac{2}{3}$

5 0

6 $\frac{4}{9}$

📖 解き方

1 ( )と{ }をふくむ計算では，( )の中，{ }の中の順に計算します。

(1)$\left(2\frac{3}{10}-\frac{19}{20}\right)÷1\frac{1}{8}=\frac{27}{20}÷\frac{9}{8}=\frac{6}{5}=1\frac{1}{5}$

2 分配法則を利用したり，かける順番をくふうしたりします。

(5)$\left(\frac{6}{7}-\frac{5}{6}\right)×7×6×\left(\frac{4}{5}-\frac{3}{4}\right)×5×4$

$×\left(\frac{2}{3}-\frac{1}{2}\right)×3×2$

$=(6×6-5×7)×(4×4-3×5)$

$×(2×2-1×3)$

$=1×1×1=1$

3 (1)$\left(\frac{3}{5}+□\right)×\frac{5}{2}-\frac{5}{12}=\frac{21}{11}÷\frac{9}{11}=\frac{7}{3}$

$\left(\frac{3}{5}+□\right)×\frac{5}{2}=\frac{7}{3}+\frac{5}{12}=\frac{11}{4}$

$\frac{3}{5}+□=\frac{11}{4}÷\frac{5}{2}=\frac{11}{10}$

$□=\frac{11}{10}-\frac{3}{5}=\frac{1}{2}$

4 (1)$□×□=\frac{4}{5}×\frac{4}{5}-\frac{16}{25}×\frac{16}{25}=\frac{16}{25}×\left(1-\frac{16}{25}\right)$

$=\frac{16}{25}×\frac{9}{25}=\frac{4}{5}×\frac{4}{5}×\frac{3}{5}×\frac{3}{5}=\frac{12}{25}×\frac{12}{25}$

(2)$\frac{3}{16}×\left(\frac{4}{3}-□\right)=\left(\frac{17}{21}-□\right)×\frac{7}{8}$

$3×\left(\frac{4}{3}-□\right)=\left(\frac{17}{21}-□\right)×14$

$4-□×3=\frac{34}{3}-□×14$

$□×11=\frac{34}{3}-4=\frac{22}{3}$ $□=\frac{2}{3}$

5 $\frac{9*6}{8*7}=\frac{3}{15}÷\frac{1}{15}=3,$

$\frac{10*1}{7*4}=\frac{9}{11}÷\frac{3}{11}=3$

よって，$\frac{9*6}{8*7}*\frac{10*1}{7*4}=3*3=0÷6=0$

6 ある数を□とすると，

$□×\frac{1}{2}+\frac{2}{3}=\frac{3}{4}$ より，

$□=\left(\frac{3}{4}-\frac{2}{3}\right)÷\frac{1}{2}=\frac{1}{12}÷\frac{1}{2}=\frac{1}{6}$

正しい答えは，$\left(\frac{1}{6}+\frac{1}{2}\right)×\frac{2}{3}=\frac{2}{3}×\frac{2}{3}=\frac{4}{9}$

🎯 チャレンジテスト① p.30~31

1 (1)1 (2)$1\frac{1}{4}\left(\frac{5}{4}\right)$

2 $\frac{1}{3}$

3 $\frac{9}{11}$

4 (1)1辺が6cm，240個 (2)7200個

5 $\frac{335}{345}→\frac{112}{117}→\frac{23}{25}→\frac{113}{123}$

6 (1)13, 41, 83, 97 (2)2

(3)A 71, B 29, C 13

7 (1)$2\frac{2}{3}\left(\frac{8}{3}\right)$

(2)$\frac{8+9+10+11+12}{3+4+5+6+7}$

📖 解き方

1 (1)$\left(\frac{2}{7}+\frac{1}{21}\right)+\left(\frac{3}{11}+\frac{2}{33}\right)+\left(\frac{3}{13}+\frac{4}{39}\right)$

$=\frac{7}{21}+\frac{11}{33}+\frac{13}{39}=\frac{1}{3}+\frac{1}{3}+\frac{1}{3}=1$

(2)分数に直して計算します。

2 $\frac{123×456-333}{366×456+369}=\frac{3×41×3×152-9×37}{3×122×3×152+9×41}$

$=\frac{41×152-37}{122×152+41}=\frac{6195}{18585}=\frac{1}{3}$

[別解] 123＝△，456＝□とおくと，
366＝3×△－3，369＝3×△，333＝□－△
だから，

$$\frac{123\times456-333}{366\times456+369}$$
$$=\frac{△\times□-(□-△)}{(3\times△-3)\times□+3\times△}$$
$$=\frac{△\times□-□+△}{3\times△\times□-3\times□+3\times△}$$
$$=\frac{△\times□-□+△}{3\times(△\times□-□+△)}=\frac{1}{3}$$

[3] 0.8181818……＝1.8181818……－1
$=0.181818\cdots\cdots\times10-1=\frac{2}{11}\times10-1$
$=\frac{20}{11}-1=\frac{9}{11}$

[4] (1)48，36，30 の最大公約数は 6 だから，直方体にはいる最大の立方体の 1 辺は 6 cm となります。
その立方体をつめていくので，それぞれの個数を求めると，
たて…48÷6＝8(個)
横…36÷6＝6(個)
高さ…30÷6＝5(個)
よって，8×6×5＝240(個)
(2)48，36，30 の最小公倍数は 720 だから，立方体の 1 辺は 720 cm となります。それぞれ 720 cm にするために必要な個数は，
たて…720÷48＝15(個)
横…720÷36＝20(個)
高さ…720÷30＝24(個)
よって，15×20×24＝7200(個)

[5] 分母と分子の差が 10 となるようにすると，
$\frac{23}{25}=\frac{23\times5}{25\times5}=\frac{115}{125}$，$\frac{112}{117}=\frac{112\times2}{117\times2}=\frac{224}{234}$，
$\frac{113}{123}$，$\frac{335}{345}$
それぞれの 1 との差をとると，
$\frac{10}{125}$，$\frac{10}{234}$，$\frac{10}{123}$，$\frac{10}{345}$
これが小さい順にもとの分数は大きくなるから，
$\frac{335}{345}>\frac{112}{117}>\frac{23}{25}>\frac{113}{123}$

[6] (1)7 でわったときの余りが 6 である 2 けたの整数 13，20，27，34，41，48，55，62，69，76，83，90，97 から，素数を選びます。
(2)A＜100，B＞25 で，99÷25＝3 余り 24 だから，A を B でわったときの商は，3 以下。
A＝B＋C，A＝B×2＋C，A＝B×3＋C のいずれかが成り立ちますが，2 けたの整数 A，B，C は素数だから A，B，C はすべて奇数です。
奇数＋奇数＝偶数より，A が素数となるのは A＝B×2＋C の場合で，商は 2
(3)B＞C より，A＝B×2＋C＞C×3
これと A＜100 より，C×3＜100 となるから，C＜33
よって，(1)より，C＝13
B＞25，B＝(A－13)÷2＜(99－13)÷2＝43 より，素数 B として考えられるのは，29，31，37，41
29×2＋13＝71 は，素数。
31×2＋13＝75 は，5 の倍数。
37×2＋13＝87 は，3 の倍数。
41×2＋13＝95 は，5 の倍数。
A が素数となるのは，B＝29 のときで，A＝71

[7] (1)分数は分母が小さいほど大きくなるから，
$\frac{6+7+8+9+10}{1+2+3+4+5}=\frac{40}{15}=\frac{8}{3}=2\frac{2}{3}$
(2)$\frac{6+7+8+9+10}{1+2+3+4+5}=\frac{40}{15}$ の分母と分子にそれぞれ 2×5＝10 をたした分数を考えて，
$\frac{8+9+10+11+12}{3+4+5+6+7}=\frac{50}{25}=2$

チャレンジテスト②

p.32〜33

[1] $\frac{112}{81}\left(1\frac{31}{81}\right)$

[2] $\frac{35}{429}$

[3] 11 個

[4] (1)$\frac{10}{21}$ (2)49

[5] (1)$5\frac{1}{4}\left(\frac{21}{4}\right)$ (2)$\frac{9}{10}$

[6] (1)1，4，9 (2)106 個

解き方

[1] $\frac{2}{3}$ をたして $\frac{3}{2}$ でわる計算を 3 回くり返します。

[2] $\left(\frac{1}{1\times3}-\frac{4}{3\times5}\right)+\left(\frac{4}{3\times5}-\frac{9}{5\times7}\right)$
$+\left(\frac{9}{5\times7}-\frac{16}{7\times9}\right)+\left(\frac{16}{7\times9}-\frac{25}{9\times11}\right)$
$+\left(\frac{25}{9\times11}-\frac{36}{11\times13}\right)$
$=\frac{1}{3}-\frac{36}{11\times13}=\frac{143}{429}-\frac{108}{429}=\frac{35}{429}$

③ $\frac{1}{2}=0.5$, $\frac{11}{20}=0.55$, $\frac{101}{200}=0.505$,

$\frac{1001}{2000}=0.5005$, $\frac{10001}{20000}=0.50005$, ……

これらを前から2個，3個，4個，5個たしたときの合計は，1.05，1.555，2.0555，2.55555
和の小数第二位以下の数字はすべて5になり，小数第一位までは0.5×(たした分数の個数)になります。

0.5×11＝5.5だから，和が5.55……5になるときにたした分数の個数は，11個。

④ (1)約分して$\frac{2}{3}$と$\frac{2}{7}$になるのは，求める分数の分母が3と7の公倍数のときです。

2つの分数を，3と7の最小公倍数の21で通分すると，$\frac{14}{21}$，$\frac{6}{21}$

$\frac{14-4}{21}=\frac{10}{21}$，$\frac{6+4}{21}=\frac{10}{21}$ より，求める分数は，

$\frac{10}{21}$

(2)$\frac{3}{35}+\frac{8}{15}=\frac{65}{105}=\frac{13}{21}$

約分して$\frac{13}{21}$になる分数$\frac{26}{42}$，$\frac{39}{63}$，$\frac{52}{84}$，……

で，(分母−3)＝(分子−35)となるのは，$\frac{52}{84}$

よって，求める整数は，52−3＝84−35＝49

⑤ (1)分母がなるべく小さく，分子がなるべく大きくなるように組み合わせます。

$\frac{5}{2}+\frac{8}{4}=\frac{9}{2}=\frac{18}{4}$，$\frac{8}{2}+\frac{5}{4}=\frac{21}{4}=5\frac{1}{4}$

(2)分母がなるべく大きく，分子がなるべく小さくなるようにします。

$\frac{2}{8}+\frac{4}{5}=\frac{21}{20}$，$\frac{4}{8}+\frac{2}{5}=\frac{9}{10}=\frac{18}{20}$

⑥ (1)番号が100以下の各ロッカーの開閉回数は，番号の約数の個数に等しい。

開いているロッカーの番号の約数の個数は奇数であり，約数の個数が奇数となる整数は平方数(4＝2×2のように，共通の整数□を用いて□×□の形に表せる整数)に限るから，求めるロッカーの番号は，10以下の平方数で，1，4，9

(2)番号が100以下の開いているロッカーは，番号が平方数1，4，9，16，25，36，49，64，81，100のロッカーで，10個。

番号が101以上200以下の各ロッカーの開閉回数は，番号の約数の個数 −1に等しくなります。

番号が101以上の開いているロッカーは，番号が平方数121，144，169，196でないものに限るから，その個数は100−4＝96(個)
よって，求める個数は，10＋96＝106(個)

8 小数のかけ算

標準クラス   p.34～35

1 (1)21.84 (2)9.5 (3)3.105 (4)2.204
  (5)0.3696 (6)0.42 (7)16.56
  (8)3.8304

2 (1)122.4 (2)2.21 (3)3.672 (4)16
  (5)59

3 (例)1.06×4.7の筆算は，106×47の答えを1000でわって計算するから。

4 (1)ア，ウ (2)イ (3)20

5 (1)20.3 (2)41.52

6 1組の花だんが0.6 m² だけ広い

📖 解き方

1 整数として計算し，後で小数点の位置を考えます。

(1)　　3.9
　　×5.6
　　 2 3 4
　 1 9 5
　 2 1.8 4

(3)　　6.9
　　×0.4 5
　　 3 4 5
　 2 7 6
　 3.1 0 5

2 (1)1.7×32×2.25＝1.7×(32×2.25)＝1.7×72
　 ＝122.4

(2)(0.8＋0.05)×2.6＝0.85×2.6＝2.21

(3)(2.1−1.02)×3.4＝1.08×3.4＝3.672

(4)1.6×5.2＋4.8×1.6＝1.6×(5.2＋4.8)
　 ＝1.6×10＝16

(5)49.2×5.9−23.1×5.9−16.1×5.9
　 ＝(49.2−23.1−16.1)×5.9
　 ＝10×5.9＝59

4 (1)かける数を□とすると，
　 ・□＞1のとき，積＞かけられる数
　 ・□＝1のとき，積＝かけられる数
　 ・□＜1のとき，積＜かけられる数
　 かける数が1より大きいのは，ア，ウ

(2)かける数2.53，0.98，1.07，0.42のうち，1に最も近いのは0.98だから，7.96×0.98の答えが最も7.96に近くなります。

(3)7.96はおよそ8，2.53はおよそ2.5だから，7.96×2.53はおよそ8×2.5＝20

5 ある数を□とします。

13

(1)□÷3.5＝5.8 より，□＝5.8×3.5＝20.3

(2)(□−7.5)÷4.2＝8.1 より，

　　□−7.5＝8.1×4.2＝34.02

　　□＝34.02＋7.5＝41.52

6 1組の花だんの面積は，3.5×1.8＝6.3(m²)

2組の花だんの面積は，3.8×1.5＝5.7(m²)

両組の花だんの面積の差は，6.3−5.7＝0.6(m²)

→ ハイクラス p.36〜37

1 (1)1.7925　(2)30.972　(3)53.94

　(4)20.6048　(5)2.78831　(6)1.99899

　(7)3.96792　(8)7.06577

2 (1)7.73　(2)5.1

3 (1)1300　(2)547

4 (1)99.75　(2)9975　(3)0.9975

　(4)0.9975　(5)0.09975　(6)997.5

5 (1)0.208　(2)2.969

6 21.12 cm²

📖 解き方

1 小数点以下のけた数が多い小数のかけ算も，整数として計算し，後で小数点の位置を考えます。

```
(4)     3 7.6        (5)     6.5 3
      ×0.5 4 8            ×0.4 2 7
      ─────────            ─────────
        3 0 0 8            4 5 7 1
      1 5 0 4            1 3 0 6
    1 8 8 0            2 6 1 2
    ─────────          ─────────
    2 0.6 0 4 8        2.7 8 8 3 1
```

2 (1)0.75×8.6＋(2.3＋4.1)×0.2

　　＝0.75×8.6＋6.4×0.2＝6.45＋1.28

　　＝7.73

(2)1.7×(4.2−0.7)−(7.4＋1.1)×0.1

　　＝1.7×3.5−8.5×0.1＝5.95−0.85

　　＝5.1

3 分配法則を用いると，かんたんに計算できます。

(1)32.5×82＋3.25×250−325×6.7

　　＝<u>32.5</u>×82＋<u>32.5</u>×25−<u>32.5</u>×67

　　＝<u>32.5</u>×(82＋25−67)＝32.5×40

　　＝1300

(2)3.72×19.6＋62.8×5.47＋35.1×3.72

　　＝<u>3.72</u>×19.6＋<u>3.72</u>×35.1＋62.8×5.47

　　＝<u>3.72</u>×(19.6＋35.1)＋62.8×5.47

　　＝3.72×54.7＋62.8×5.47

　　＝37.2×<u>5.47</u>＋62.8×<u>5.47</u>

　　＝(37.2＋62.8)×<u>5.47</u>

　　＝100×5.47

　　＝547

ポイント　分配法則

■×▲＋●×▲＝(■＋●)×▲

■×▲−●×▲＝(■−●)×▲

4 (1)28.5×3.5＝2.85×3.5×10

　　　　　＝9.975×10＝99.75

(2)285×35＝2.85×3.5×1000

　　　　＝9.975×1000＝9975

(3)0.285×3.5＝2.85×3.5÷10

　　　　　＝9.975÷10＝0.9975

(4)2.85×0.35＝2.85×3.5÷10

　　　　　＝9.975÷10＝0.9975

(5)2.85×0.035＝2.85×3.5÷100

　　　　　＝9.975÷100＝0.09975

(6)2.85×350＝2.85×3.5×100

　　　　　＝9.975×100＝997.5

5 小数を分数に直すと分母が大きくなるので，小数に直して計算します。

(1)$\frac{2}{25}$×0.65＋0.78×0.2

　　＝0.08×0.65＋0.78×0.2＝0.052＋0.156

　　＝0.208

(2)$2\frac{1}{40}$×1.8−1.69×0.4

　　＝2.025×1.8−1.69×0.4＝3.645−0.676

　　＝2.969

6 てん開図は下の図のようになるから，

1.6×1.6×2＋2.5×1.6×4＝5.12＋16

＝21.12(cm²)

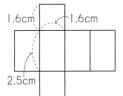

---

9 小数のわり算

Y 標準クラス p.38〜39

1 (1)28　(2)24　(3)31　(4)6.5　(5)1.5

　(6)7.5

2 (1)20.76 余り 0.008

　(2)2.96 余り 0.028

　(3)10.67 余り 0.011

　(4)2.64 余り 0.06

(5)4.15 余り 0.125

(6)4.01 余り 0.077

3 (1)2.75 (2)1.65 (3)3.09

4 イ

5 (1)13 か所

(2)62 人に配れて 0.1 L 余る

6 1.8 倍

7 3.6 m 長くする

────── 📖 解き方 ──────

1 小数どうしのわり算は、わる数を整数とするわり算に直して計算することができます。

(1)$36.4 \div 1.3 = 364 \div 13 = 28$

(2)$81.6 \div 3.4 = 816 \div 34 = 24$

(3)$40.3 \div 1.3 = 403 \div 13 = 31$

(4)$15.6 \div 2.4 = 156 \div 24 = 6.5$

(5)$8.4 \div 5.6 = 84 \div 56 = 1.5$

(6)$36 \div 4.8 = 360 \div 48 = 7.5$

2 余りの小数点は、わられる数のもとの小数点にそろえて打ちます。

(2)
```
                    2.9 6
   5.7)1 6.9  →  5,7)1 6,9
                    1 1 4
                      5 50
                      5 13
                        3 70
                        3 42
                        0.0 28
```

3 (1)$7.71 \div 2.8 = 2.753\cdots$

　　小数第三位の 3 を四捨五入すると、2.75

(3)$21.93 \div 7.1 = 3.088\cdots$

　　小数第三位の 8 を四捨五入すると、3.09

4 わる数が小さければ小さいほど、商は大きくなります。

わる数がいちばん小さいのは、イ

5 (1)4 m＝400 cm

　　$400 \div 30.48 = 13$ 余り 3.76

　　よって、切れ目は 13 か所

(2)$24.9 \div 0.4 = 62$ 余り 0.1

　　よって、62 人に配れて 0.1 L 余ります。

6 $50.4 \div 27.6 = 1.82\cdots$

小数第二位を四捨五入して、1.8 倍。

7 もとの長方形の横の長さは、$11.52 \div 1.6 = 7.2$(m)

広くした長方形の横の長さは、

$17.28 \div 1.6 = 10.8$(m)

よって、$10.8 - 7.2 = 3.6$(m)長くします。

→ ハイクラス p.40～41

1 (1)7.51 (2)1.59 (3)3.08 (4)0.41

2 (1)3.2 (2)134 (3)2.8

3 (1)4.6 (2)6.3 (3)9.3

4 (1)2.5 (2)0.25 (3)0.025 (4)25

(5)0.025 (6)0.25

5 (1)2 (2)5

6 181 畳

7 商品 B，29 個

────── 📖 解き方 ──────

1 (1)$24.34 \div 3.24 = 2434 \div 324 = 7.512\cdots$

　　小数第二位までのがい数で表すと、7.51

(2)$20.04 \div 12.6 = 200.4 \div 126 = 1.590\cdots$

　　小数第二位までのがい数で表すと、1.59

(3)$14.4 \div 4.67 = 1440 \div 467 = 3.083\cdots$

　　小数第二位までのがい数で表すと、3.08

(4)$3.24 \div 7.9 = 32.4 \div 79 = 0.410\cdots$

　　小数第二位までのがい数で表すと、0.41

2 (1)$(3.92 + 9.2) \div (6.9 - 2.8) = 13.12 \div 4.1 = 3.2$

(2)$11.2 \div 1.6 + (5.3 + 7.4) \div 0.1$

　　$= 11.2 \div 1.6 + 12.7 \div 0.1 = 7 + 127 = 134$

(3)$20.16 \div (8.1 - 2.5) - (4 - 0.64) \div 4.2$

　　$= 20.16 \div 5.6 - 3.36 \div 4.2 = 3.6 - 0.8 = 2.8$

3 (1)$1.403 \div 0.38 + 0.345 \div 0.38$

　　$= (1.403 + 0.345) \div 0.38 = 1.748 \div 0.38 = 4.6$

(2)$69.4 \div 9.4 - 10.18 \div 9.4$

　　$= (69.4 - 10.18) \div 9.4 = 59.22 \div 9.4 = 6.3$

(3)$(43.2 - 16.8) \div 5.7 + 26.61 \div 5.7$

　　$= 26.4 \div 5.7 + 26.61 \div 5.7$

　　$= (26.4 + 26.61) \div 5.7$

　　$= 53.01 \div 5.7 = 9.3$

4 わられる数が 10 倍になると商は 10 倍になり、わる数が 10 倍になると商は $\frac{1}{10}$ になることをもとに考えます。

(1)わられる数が 10 倍

(2)わられる数とわる数がともに $\frac{1}{10}$

(3)わる数が 10 倍

(4)わられる数が 100 倍

(5)わられる数が $\frac{1}{100}$，わる数が $\frac{1}{10}$

(6)わられる数とわる数がともに 10 倍

5 小数を分数に直すと分母が大きくなるので、小数に直して計算します。

(1) $2.21 \div 1.3 + 0.125 \times 6 - \dfrac{9}{20}$

　　$= 1.7 + 0.75 - 0.45$

　　$= 2$

(2) $3\dfrac{1}{2} \div \left(3.75 - 1\dfrac{1}{4}\right) + 4\dfrac{1}{2} \times 0.8$

　　$= 3.5 \div (3.75 - 1.25) + 4.5 \times 0.8$

　　$= 3.5 \div 2.5 + 4.5 \times 0.8$

　　$= 1.4 + 3.6$

　　$= 5$

6 $260.87 \div 1.445 = 180.5\cdots\cdots$

小数第一位を四捨五入すると，181 畳。

7 商品 A にリボンをかけたときの余りは，

$10.48 \div 0.28 = 37$ 余り 0.12 より，0.12 m

商品 B にリボンをかけたときの余りは，

$10.48 \div 0.36 = 29$ 余り 0.04 より，0.04 m

よって，余りが少ないのは商品 B にリボンをか

けたときで，できる商品は 29 個。

10 平 均

標準クラス　　　　　　　　　　p.42〜43

1 48 分

2 (1) 45 cm　(2) 90 m

3 6 点

4 88 点

5 77 点

6 5 回目

7 34.6 kg

8 (1) 62 人

　(2) $60 + (2 + 5 - 3 + 7 - 1) \div 5$

　(3) 310 人

📖 解き方

1 1 週間に読んだ時間の総計を出します。それを 7
でわると，1 日の平均が出ます。

$(60 \times 2 + 32 + 42 + 0 + 60 + 25 + 57) \div 7$

$= 336 \div 7 = 48$（分）

> **ポイント　平均**
> いくつかの数量をならして等しくした
> ときの大きさを，それらの数量の平均といいます。
> 平均＝合計÷個数
> 合計＝平均×個数
> 個数＝合計÷平均

2 (1) 1 回の測定で 10 歩歩いたから，

$(442 + 460 + 446 + 452) \div (10 \times 4)$

$= 1800 \div 40 = 45$（cm）

(2) 200 歩で歩くきょりは，

$45 \times 200 = 9000$（cm）

よって，90 m

3 （3 科目の平均点 ×3＋ 社会）÷4

$= (72 \times 3 + 96) \div 4 = 78$（点）

$78 - 72 = 6$（点）

別解　社会は 3
科目の平均点よ
りも $96 - 72 =$
24（点）高くな
ります。

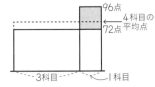

この差を 4 科目で分けて 3 科目の平均点に加え
ると，4 科目の平均点になるから，$24 \div 4 = 6$（点）
上がります。

4 5 回目までの得点の合計から 4 回目までの得点
の合計をひけば，5 回目の得点が求められます。

$80 \times 5 - 78 \times 4 = 88$（点）

5 4 教科の合計点は，$76 \times 4 = 304$（点）

算数と社会の合計点は，

$304 - (90 + 67) = 147$（点）

社会の点数に 7 点たすと算数の点数になるから，

算数のテストの点数は，

$(147 + 7) \div 2 = 77$（点）

6 今回のテストは，

$(90 - 70) \div (74 - 70) = 5$（回目）

7 3 クラスの合計体重を求めて，3 クラスの合計人
数でわります。

$34.8 \times 15 + 35.6 \times 17 + 33.5 \times 18$

$= 1730.2$（kg）

$15 + 17 + 18 = 50$（人）

$1730.2 \div 50 = 34.604$（kg）

小数第二位を四捨五入して，34.6 kg

8 (1) $(62 + 65 + 57 + 67 + 59) \div 5 = 310 \div 5$

　　$= 62$（人）

(2) 仮に平均をある数値に決め，その仮の平均と
実際の数値との差を求めてその差の平均を出
し，その平均と仮に決めた平均との和を求め
ると，それが実際の平均になります。

平均 ＝ 仮平均 ＋（仮平均との差の総和 ÷ 個数）

したがって，式は，

$60 + (2 + 5 - 3 + 7 - 1) \div 5$

(3) 1 週間に借りた人数が，全部 1 日に借りたと
して考えます。

$62 + 65 + 57 + 67 + 59 = 310$（人）

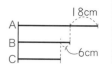

ポイント　のべ

例えば，何人かが何日間かに図書室で借りた人数を，一度に借りたとして考えた人数を，のべ人数といいます。

また，5人で働いて4日かかる仕事があるとき，この仕事をもし1人でしたとすると，4×5＝20（日）かかります。この20日を，のべ日数といいます。

このように，人数，日数などを1つの量として考えたものを「のべ」といいます。

▶ ハイクラス　　　　　　　　　　　p.44〜45

1 (1)5.0 点　(2)25 人

2 4cm

3 31 才

4 20

5 20 人

6 (1)$\dfrac{11}{9}$ 倍　(2)79.2 点

7 (例)方法…2 人の結果の平均を求めて，それぞれの平均を下回った回数の少ないしゅうじさんを代表に選びます。
理由…しゅうじさんの平均は，
(38×2＋36＋34×2)÷5＝36(m)
まさのぶさんの平均は，
(30＋45＋32＋34＋39)÷5＝36(m)
2 人の平均値は等しいが，それぞれの平均を下回った回数はしゅうじさんが 2 回に対して，まさのぶさんは 3 回。
しゅうじさんのほうが平均を下回る回数が少ないので，安定して高い記録を出す可能性が高いから。

📖 解き方

1 (1)合計点が 7 点の人数は，
40−(1＋3＋4＋6＋12＋7＋3)＝4(人)
よって，テストの平均点は，
(0×1＋2×3＋3×4＋4×6＋5×12＋6×7＋7×4＋9×3)÷40
＝199÷40
＝4.975(点)
小数第二位を四捨五入すると，5.0 点
(2)合計点が，2，(2＋3)，(2＋4)，(2＋3＋4)の人の人数をたすと，
3＋12＋7＋3＝25(人)

---

2 A，B，C3 人の身長を線分図にかくと，
(18−6)÷3＝4(cm)

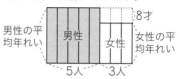

3 8 人の合計年れいに，女性と男性の平均年れいの差の 8 才の 3 人分を加えると，全員が男性と考えたときの合計になります。

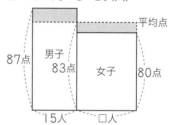

(28×8＋8×3)÷8＝31(才)

4 小さいほうから 3 つの数の総計と，大きいほうから 3 つの数の総計をたして，5 つの数の総計をひけば真ん中の数を求めることができます。

小₁　小₂　中　大₂　大₁ } 20×5

25×3
15×3

15×3＋25×3−20×5＝20

5 女子の人数を□人とします。
このとき，下の図の色のついた部分の面積が等しくなるから，
(87−83)×15＝(83−80)×□より，
□＝4×15÷3＝20(人)

6 (1)男子を〇人，女子を□人とすると，男子と女子の合計点が同じだから，
72×〇＝88×□
よって，〇＝$\dfrac{88}{72}$×□＝$\dfrac{11}{9}$×□
(2)男子が 11 人，女子が 9 人と考えてよいから，
72×11×2÷(11＋9)＝1584÷20
＝79.2(点)

---

11 単位量あたりの大きさ

Y 標準クラス　　　　　　　　　　p.46〜47

1 4 年 31 さつ，5 年 21 さつ，6 年 16 さつ

2 80 g

3 200 個

4 西市，12347 人

5 （例）人口が多く，面積が小さいほど人口みつ度は大きくなるから，この両方の条件で有利なA市はB市より人口みつ度が大きくなります。

6 (1)544 まい　(2)機械Aが 7 まい多い

7 (1)77 km　(2)5600 円

📖 解き方
---

1 4 年は，2852÷92＝31（さつ）
5 年は，3024÷144＝21（さつ）
6 年は，2688÷168＝16（さつ）

2 アルコール 3 Lの重さは，2.9－0.5＝2.4（kg）より，2400 g
3 L＝30 dLだから，1 dLあたりの重さは，
2400÷30＝80（g）

3 1 m＝100 cmだから，
1 m²＝100×100 cm²＝10000 cm²
よって，必要な種は，
2×（10000÷100）＝200（個）

4 人口みつ度は 1 km²あたりの人口のことで，人口 ÷ 面積で求められます。
4 つの市の人口みつ度を求めて比べます。
東市は，268347÷23.7＝11322.6……（人）
西市は，318547÷25.8＝12346.7……（人）
南市は，41937÷6.4＝6552.6……（人）
北市は，670426÷72.3＝9272.8……（人）
したがって，人口みつ度が最も高いのは，西市で，12347 人。

6 (1)機械Bが 1 分間に印刷するまい数は，
340÷5＝68（まい）
よって，8 分間では，68×8＝544（まい）
(2)機械Aは 1 分間に 225÷3＝75（まい），(1)より機械Bは 1 分間に 68 まい印刷します。
よって，機械Aのほうが，1 分間あたり 75－68＝7（まい）多くなります。

7 (1)1760 円で入れることができるガソリンの量は，
1760÷176＝10（L）
40 Lで 308 km走ることができるので，1 Lで走行できるきょりは，
308÷40＝7.7（km）
よって，1760 円で走行できるきょりは，
7.7×10＝77（km）
(2)全走行きょりを求めます。
4.9×2×25＝245（km）
(1)より，77 km 走るのに 1760 円必要だから，245 km 走るのに必要なガソリン代は，

1760×（245÷77）＝5600（円）

→ **ハイクラス**　　　　　　　　　　p.48～49
---

1 (1)A管 28L，
B管 22L
(2)右の図

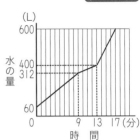

2 (1)4 人分
(2)子ども 420 円，大人 1050 円

3 $1\frac{1}{20}$ 倍 $\left(\frac{21}{20}\right.$ 倍$\left.\right)$

4 (1)毎分 1.2 cm　(2)毎分 0.4 cm　(3)36 cm

5 (1)5 秒後　(2)5 分 15 秒　(3)4 分 20 秒

📖 解き方
---

1 (1)はじめに水が 60 Lはいっていたので，9 分間にはいった水の量は，
312－60＝252（L）
よって，A管から 1 分間にはいる水の量は，
252÷9＝28（L）
B管だけで 4 分間入れたとき，はいった水の量は，
400－312＝88（L）
よって，B管から 1 分間にはいる水の量は，
88÷4＝22（L）
(2)A，B 2 本の管を同時に使って 600 Lにするために必要な時間は，
（600－400）÷（28＋22）＝4（分）
よって，水の量が 600 Lになるのは，水を入れ始めてから，13＋4＝17（分後）

2 (1)子ども 2.5 人分の入場料が大人 1 人分の入場料なので，子ども 10 人分の入場料を 2.5 でわると，大人の何人分の入場料か求めることができます。
10÷2.5＝4（人分）
(2)子ども 10 人を大人 4 人とおきかえて考えます。
大人 1 人は，13650÷（4＋9）＝1050（円）
子ども 1 人は，1050÷2.5＝420（円）

3 C市の人口を 1，C市の面積を 1 とすると，
A市の人口みつ度は，$\frac{5}{6}÷\frac{1}{2}=\frac{5}{6}×2=\frac{5}{3}$
B市の人口みつ度は，$\frac{7}{6}÷\frac{2}{3}=\frac{7}{6}×\frac{3}{2}=\frac{7}{4}$

よって，B市の人口みつ度は，A市の人口みつ密度の，

$\frac{7}{4}\div\frac{5}{3}=\frac{7}{4}\times\frac{3}{5}=\frac{21}{20}=1\frac{1}{20}$(倍)

4 (1)Aは 15+5=20(分)で 30 cm から 6 cm になったから，Aの短くなる速さは，毎分
(30−6)÷20=1.2(cm)

(2)火をつけてから 15 分後のAの長さは，
30−1.2×15=12(cm)
条件より，これは火をつけてから 15 分後のBの長さに等しく，それから 5 分後にBは 10 cm になるから，Bの短くなる速さは，毎分
(12−10)÷5=0.4(cm)

(3)条件と(2)より，火をつけてから 15 分後のCの長さは，12 cm
それから 7.5 分後にCは 0 cm になるから，Cの短くなる速さは，毎分
12÷7.5=1.6(cm)
よって，火をつける前のCの長さは，
12+1.6×15=36(cm)

5 (1)Aが 1 まい印刷するのにかかる時間は，
$60\div24=\frac{5}{2}$(秒)だから，Aからは $\frac{5}{2}$ 秒後，5 秒後，……に紙が出てきます。
Bが 1 まい印刷するのにかかる時間は，
$60\div36=\frac{5}{3}$(秒)だから，Bからは $\frac{5}{3}$ 秒後，$\frac{10}{3}$ 秒後，5 秒後，……に紙が出てきます。
よって，最初に 2 台同時に紙が出てくるのは，5 秒後。

(2)5 秒ごとに，Aが 2 まい，Bが 3 まいの，計 5 まいの紙が印刷されます。
315 まい印刷するには，
これを 315÷5=63(回)くり返せばよいから，かかる時間は，
5×63 秒=315 秒=5 分 15 秒

(3)Aが印刷した紙は，24×12=288(まい)
Bが印刷した紙は，564−288=276(まい)
Bがこのまい数を印刷するのにかかった時間は，$\frac{5}{3}\times276=460$(秒)
よって，Bが故しょうして修理が終わるまでにかかった時間は，
12 分 −460 秒 =4 分 20 秒

12 比 例

標準クラス

p.50〜51

1

燃やした時間(分)	1	2	3	4	5	6	7
残った長さ(cm)	9.8	9.6	9.4	9.2	9	8.8	8.6
燃えた長さ(cm)	0.2	0.4	0.6	0.8	1	1.2	1.4

㋐燃やした時間　㋑燃えた長さ　㋒6 cm

2 ア，イ，オ

3 (1)

横(cm)	2	3	4	5	6	7	8	9
面積(cm²)	7.6	11.4	15.2	19	22.8	26.6	30.4	34.2

(2)3.8×□=△　(3)87.4 cm²　(4)12 cm

4 毎分 18 L

解き方

1 表に記入し，2 つの量の関係を読みとります。
このろうそくの燃えた長さ(cm)は 0.2×(燃やした時間)で，残った長さ(cm)は 10−0.2×(燃やした時間)で，求めることができます。
燃やした時間が 20 分のとき，残った長さは，
10−0.2×20=6(cm)

2 2 つの量が，一方を 2 倍，3 倍，4 倍，……すると，もう一方も 2 倍，3 倍，4 倍，……になる関係にあるものを考えます。

3 (3)23×3.8=87.4(cm²)
(4)45.6÷3.8=12(cm)

4 10 分で水面の高さは 25 cm になるから，このときの体積を求めます。
60×120×25=180000(cm³)
1 分間にはいる水の量は，
180000÷10=18000(cm³)
よって，毎分 18 L

ハイクラス

p.52〜53

1 ㋐8　㋑45　㋒40

2 (1)34.2 kg　(2)1430 m²　(3)815.1 kg

3 (1)○　(2)×　(3)○　(4)×

4 比例しない
理由…(例)ふりこが 10 往復する時間が 2 倍，3 倍，……になるとき，ふりこの長さは 4 倍，9 倍，……になり，2 倍，3 倍，……にならないから。

5 (1)① 0.1 cm

② 10 cm

(2)① 0.15 cm

②右のグラフ

③ 8 cm

④ 16.1 cm

(3)40 g

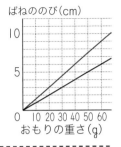

ばねののび(cm)

おもりの重さ(g)

📖 解き方

1 ㋐ 24÷30＝0.8(cm)

1 L あたり 0.8 cm はいるので，

10×0.8＝8(cm)

㋑ 36÷0.8＝45(L)

㋒ 50×0.8＝40(cm)

2 (1) 1 m² あたり 1.14÷2＝0.57(kg)だから，

0.57×60＝34.2(kg)

(2)大きい長方形から，左上の長方形をひきます。

(30＋10)×38－10×9＝1430(m²)

(3)0.57×1430＝815.1(kg)

3 実際に数をあてはめてみて，一方を 2 倍，3 倍すると，もう一方も 2 倍，3 倍と増えるか確かめます。

5 (1)①ばねののびは，

1÷10＝0.1(cm)

② 16－0.1×60＝10(cm)

(2)①(17－11)÷(60－20)＝0.15(cm)

③ 11－0.15×20＝8(cm)

④ 8＋0.15×54＝16.1(cm)

(3)おもりを下げないときのばねの長さの差は，

10－8＝2(cm)

おもりの重さが 1 g 増えるごとに，この差は

0.15－0.1＝0.05(cm)ずつちぢまります。

よって，2÷0.05＝40(g)

🎯 **チャレンジテスト③** p.54〜55

1 (1)5 (2)51.4 (3)8.6

2 (1)商 115.5，余り 0.0005

(2)商 98.4，余り 0.0008

3 (1)11 点 (2)16 人

4 28 人

5 2 点 6 人，4 点 7 人

6 (1)毎分 1.6 L (2)32 L (3)38 L

📖 解き方

1 (1)0.6×0.125÷1.5÷0.01＝0.075÷1.5÷0.01

＝0.05÷0.01＝5

(2)4×4×5.14－51.4×0.75＋0.257×30

＝16×5.14－5.14×7.5＋5.14×1.5

＝(16－7.5＋1.5)×5.14＝10×5.14＝51.4

(3){(1.6＋3.12)÷0.8＋0.46÷0.25}÷0.9

＝(4.72÷0.8＋0.46÷0.25)÷0.9

＝(5.9＋1.84)÷0.9＝7.74÷0.9＝8.6

2 (1)0.809÷0.007＝115.5 余り 0.0005

```
            115.5
  0.007)0.809
            7
            10
             7
            39
            35
             40
             35
           0.0005
```

3 (1)3.8＋7.2＝11(点)

(2)1 問目の合計点は 3.8×25＝95(点)だから，

1 問目に正解した人は 95÷5＝19(人)

2 問目の合計点は 7.2×25＝180(点)だから，

2 問目に正解した人は 180÷10＝18(人)

また，1 問目，2 問目の少なくとも一方を正解した人は，25－4＝21(人)

よって，2 問とも正解した人は，

19＋18－21＝16(人)

4 1 組の生徒の数を□人とします。

このとき，右の図の色のついた部分の面積が等しくなるから，

(72.5－69.5)×□＝(75.3－72.5)×(□＋2)

3×□＝2.8×□＋5.6

0.2×□＝5.6

□＝5.6÷0.2＝28(人)

平均点

69.5点　1組　72.5点 2組　75.3点

□人　□＋2人

5 0 点，1 点，3 点，5 点の生徒の平均点は，

(0×1＋1×8＋3×4＋5×2)÷(1＋8＋4＋2)

＝30÷15＝2(点)

2 点の生徒を□人とすると，4 点の生徒は，(□＋1)人。

4 点の生徒以外の(15＋□)人の平均が 2 点で，クラス全体の平均が 2.5 点だから，2.5－2＝0.5より，0.5×(15＋□)点の不足分を 4 点の生徒がおぎなうことになります。

つまり，次の図の色のついた 2 つの部分の面積が等しくなります。

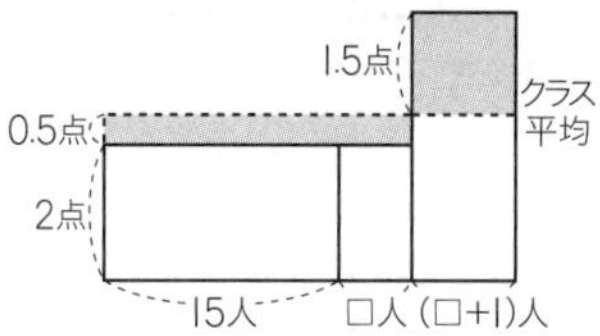

0.5×(15+□)=1.5×(□+1)
7.5+0.5×□=1.5×□+1.5
7.5−1.5=1.5×□−0.5×□
□=6
2 点の生徒が 6 人だから，4 点の生徒は 7 人。

[6] (1)9 時 30 分に 50 L，9 時 50 分に 50 L だから，この間は水がはいる量も出る量も同じです。
9 時 50 分から 10 時 10 分の 20 分間に 48 L 流れ出ています。この間はじゃ口Aをとじていたことから，じゃ口Aは 20 分間に 48 L の水を入れていたことになります。
したがって，じゃ口Aからは，1 分間に，
48÷20=2.4(L)はいります。
じゃ口Aから 30 分間に出る水の量は，
2.4×30=72(L)より，9 時 30 分の時点で水そうには，10+72=82(L)たまっているはずですが，実際には 50 L しかありません。
9 時 10 分から 9 時 30 分までの 20 分間に，この差の分だけじゃ口Bから水が流れ出ていることになります。
したがって，じゃ口Bからは，1 分間に
(82−50)÷20=1.6(L)流れ出ています。
(2)じゃ口Bとじゃ口Cで，20 分間に 48 L の水が流れ出るから，じゃ口Cからは 1 分間に，
48÷20−1.6=0.8(L)流れ出ます。
じゃ口Cは 40 分間あけていたから，流れ出た水の量は，0.8×40=32(L)
(3)9 時 15 分までに，じゃ口Aは 15 分間，じゃ口Bは 5 分間開いていたことになります。
したがって，9 時 15 分にあった水の量は，
10+2.4×15−1.6×5=38(L)

チャレンジテスト④

p.56〜57

[1] (1)3.9 (2)10.1 (3)3.24 (4)1.8
[2] (1)(式)5.43÷0.12
(2)(式)0.12÷5.43
商 0.02，余り 0.0114
[3] 61 g
[4] ㋐8 ㋑1
[5] (1)30 (2)18 (3)56

解き方

[1] (1)4.5×1.2−7.8÷(1.9+3.3)=5.4−1.5
=3.9
(3)分配法則が使えるようにすると，
0.5×4.8×1.287÷0.495−0.125×24
=2.4×1.287÷0.495−1.25×2.4
=(2.6−1.25)×2.4=3.24
(4)2.72+(3.4−□)÷2−1.15=0.237÷0.1
2.72+(3.4−□)÷2−1.15=2.37
(3.4−□)÷2=2.37+1.15−2.72
(3.4−□)÷2=0.8
3.4−□=0.8×2
3.4−□=1.6
□=3.4−1.6=1.8

[2] (1)商が最も大きくなるのは，わられる数が最大で，わる数が最小のとき。すなわち，わられる数の大きな位から順に大きい数を入れ，わる数の大きな位から順に小さい数を入れたときです。
5.43÷0.12
(2)商が最も小さくなるのは，(1)と逆の場合です。
0.12÷5.43=0.02 余り 0.0114

[3] 3 個のたまごの重さの合計は，3 つの平均の合計に等しく，60+62+63=185(g)
小+中<小+大<中+大より，最も軽いたまごと最も重いたまごは，重さの平均が 62 g だから，
重さの和は 62×2=124(g)
よって，重さが真ん中のたまごは，
185−124=61(g)

[4] はじめのP，Qの水量の差が，20−9=11(L)で，両方のホースでQに入れているときに，
9×5=45(L)はいったから，あわせて，
11+45=56(L)
最初の 6 分間と最後の 2 分間の合計 8 分間でこの差をなくすと考えると，56÷8=7(L)がB，Cの差になります。したがって，和が 9 L，差が 7 L だから，Bは
(9+7)÷2=8(L)
Cは 8−7=1(L)

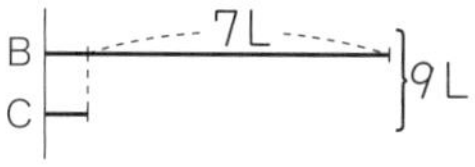

[5] (1)時速 100 km になると，速さは時速 40 km の 2.5 倍になるから，空走きょりはそのときの 2.5 倍の，12×2.5=30(m)
(2)時速 60 km になると，速さは時速 20 km の 3 倍になるから，制動きょりはそのときの 9 倍の，
2×9=18(m)
(3)時速 80 km になると，速さは時速 40 km の 2 倍になるから，空走きょりはそのときの 2 倍の，

12×2=24(m)
時速 80 km になると，速さは時速 20 km の 4 倍になるから，制動きょりはそのときの 16 倍の，2×16=32(m)
よって，時速 80km のときの停止きょりは，
24+32=56(m)

13 割合とグラフ

標準クラス

p.58〜59

1

	0.7	0.125	$\frac{3}{25}$	$1\frac{1}{50}$
百分率	70%	12.5%	12%	102%
歩合	7割	1割2分5厘	1割2分	10割2分

2 (1)1050 (2)80 (3)20
3 (1)5割6分 (2)10回
4 100ページ
5 (1)13720トン (2)17640トン
6 (1)2849万トン
(2)

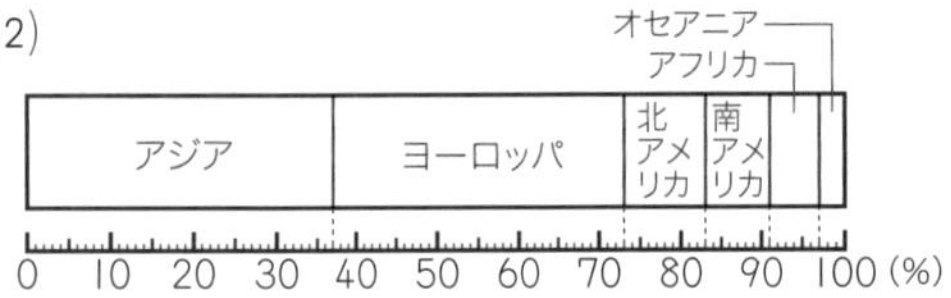

(3)オセアニア

解き方

1 小数の 0.1 は，百分率では 10%，歩合では 1 割です。
小数の 0.01 は，百分率では 1%，歩合では 1 分です。
小数の 0.001 は，百分率では 0.1%，歩合では 1 厘です。

2 (1)300 の 7 割は，300×0.7=210
□の 20%が 210 だから，
□=210÷0.2=1050
(2)600 の $\frac{3}{5}$ は，600×$\frac{3}{5}$=360
450 の□%が 360 だから，
□=360÷450×100=80
(3)160 の 6 割 2 分 5 厘は，160×0.625=100
100 と□の 15%を合わせると 103 になるから，
100+□×0.15=103 □×0.15=3
□=3÷0.15=20

ポイント 割合の公式
割合，比べられる量，もとにする量の間には，次のような関係があります。
割合=比べられる量÷もとにする量
比べられる量=もとにする量×割合
もとにする量=比べられる量÷割合

3 (1)25 回試合をして 14 回勝ったから，勝率は，
14÷25=0.56 より，5 割 6 分
(2)40 回試合して勝率が 6 割になるとき，勝った回数は，40×0.6=24(回)
よって，あと勝たなければならないのは，
24−14=10(回)

4 昨日読んだのは，250×0.2=50(ページ)
今日読んだのは，
(250−50)×0.25=50(ページ)
よって，2 日間で読んだのは，
50+50=100(ページ)

5 (1)196000×0.07=13720(トン)
(2)福岡県の全体にしめる割合は，長崎県の 1.5 倍だから，6×1.5=9(%)
よって，福岡県の生産量は，
196000×0.09=17640(トン)

6 (1)2016 年のアジアの生産量は，総生産量の 37% だから，7700 万 ×0.37=2849 万(トン)
(2)帯の左はしから，割合の大きい順にかいていきます。
(3)南アメリカ以外の地いきについて，2011 年と 2016 年の生産量を計算し，増加量を比べます。次の表より，増加量が最も少ないのはオセアニアです。

ぶどうの生産量(万トン)

	2011年	2016年	増加量
アジア	2139	2849	710
アフリカ	345	462	117
ヨーロッパ	2691	2772	81
北アメリカ	690	770	80
オセアニア	207	231	24

ハイクラス

p.60〜61

1 180人
2 20%
3 15日
4 36 cm
5 100人
6 ㋐○ ㋑× ㋒△ ㋓○

7 (1) 1.2 倍
   (2) 20736 人

📖 **解き方**

1 今年度の受験者数は 216 人で、昨年度の 1.2 倍
だから、昨年度の受験者数は、
216÷1.2＝180（人）

2 おととしの貯水量を 1 とすると、昨年の貯水量は、
（1－0.34）÷（1－0.175）＝0.8
よって、おととしから昨年までに減った割合は、
（1－0.8）×100＝20（％）

3 25 ％増しで読んで、3 日早くなったのだから、
読んだ日数は、3÷0.25＝12（日）
よって、はじめの予定の日数は、12＋3＝15（日）
別解 1 日 25 ％増しで読むと、2 日で 50 ％、3
日で 75 ％、4 日で 100 ％になります。
つまり、4 日で予定より、1 日早く読み終えるこ
とがわかります。
3 日早く読み終えたのだから、読んだ日数は、
4×3＝12（日）
よって、はじめの予定の日数は、12＋3＝15（日）

4 アは 4 回目にはね返る高さです。

1 回目　$90 \times \frac{2}{3} = 60$

2 回目　$(60+24) \times \frac{2}{3} = 56$

3 回目　$(56+13) \times \frac{2}{3} = 46$

4 回目　$(46+8) \times \frac{2}{3} = 36$（cm）

5 円グラフでは社会のおうぎ形の中心角は
$360° \times \frac{3}{8} - 75° = \frac{3}{8} \times \overset{45}{360}° - 75° = 60°$
よって、社会が好きな人の人数は、
600×60°÷360°＝100（人）

6 ㋐「勉強」の平均時間の割合も自由時間の平均も
6 年生が 5 年生より大きいので、「勉強」の平
均時間は 6 年生が 5 年生より長くなります。
→ ○
㋑「テレビ」の平均時間の割合は 5 年生と 6 年
生で等しく、自由時間の平均は 6 年生が 5 年
生より長いので、「テレビ」の平均時間は 6 年
生が 5 年生より長くなります。→ ×
㋒「遊び」の平均時間の割合は 6 年生が 5 年生
より小さいですが、自由時間の平均は 6 年生が
5 年生より長いので、「遊び」の平均時間は 5
年生と 6 年生のどちらが長いか判断できません。
→ △

㋓ 6 年生の「遊び」の平均時間の割合と 5 年生
の「趣味」の平均時間の割合は等しく、自由
時間の平均は 6 年生が 5 年生より長いので、
6 年生の「遊び」の平均時間は 5 年生の「趣味」
の平均時間より長くなります。→ ○

7 (1) 2015 年と 2010 年の人口を比べると、
17280÷14400＝1.2（倍）
この倍率で変化するとき、
2005 年の人口は、10000×1.2＝12000（人）、
2010 年の人口は、12000×1.2＝14400（人）
となり、確かに倍率が一定になっています。
(2) 17280×1.2＝20736（人）

14 相当算

📗 **標準クラス**   p.62〜63

1 750 人
2 24 まい
3 135 ページ
4 100 cm
5 180 ページ
6 107 問
7 36 個
8 5400 円

📖 **解き方**

1 欠席者は 15 人で、これは全体の 100－98＝2
（％）にあたります。
申しこみ者数の 2 ％が 15 人だから、申しこみ者
数は、15÷0.02＝750（人）

👉 **ポイント**   **相当算**
ある数（比べられる量）とそれに相当す
る割合がわかっているとき、もとにする量を求め
る問題を相当算といいます。相当算では次の公式
が大切です。
もとにする量＝比べられる量÷割合

2 A，B，C が取ったコインのまい数の合計は、全
体の、
$\frac{1}{3} + \frac{1}{4} + \frac{1}{6} = \frac{8}{24} + \frac{6}{24} + \frac{4}{24} = \frac{18}{24} = \frac{3}{4}$

$1 - \frac{3}{4} = \frac{1}{4}$ で、これがコインの残りのまい数 6 ま

いにあたるから、はじめにあったコインのまい数

は、$6 \div \frac{1}{4} = 24$（まい）

3 2日目に読む前に残っていたページ数は,
$24 \div (1-0.6) = 24 \div 0.4 = 60 (ページ)$
よって,この本のページ数は,
$60 \div \left(1-\dfrac{5}{9}\right) = 60 \times \dfrac{9}{4} = 135 (ページ)$

4 $\dfrac{1}{4}$ だけ使うと $1-\dfrac{1}{4}$ だけ残るから,その $\dfrac{3}{5}$ を使うとき,使った長さの合計は全体の
$\dfrac{1}{4} + \left(1-\dfrac{1}{4}\right) \times \dfrac{3}{5} = \dfrac{7}{10}$ にあたります。

残りの長さは 30 cm で,それは全体の $1-\dfrac{7}{10}$ にあたるから,もとの長さは,
$30 \div \left(1-\dfrac{7}{10}\right) = 30 \div \dfrac{3}{10} = 30 \times \dfrac{10}{3} = 100 (cm)$

5 全体の $\dfrac{1}{2}$ が残りの $1-\dfrac{2}{5}$ にあたるので,1日目の残りのページ数は全体のページ数の,
$\dfrac{1}{2} \div \left(1-\dfrac{2}{5}\right) = \dfrac{5}{6}$

$1-\dfrac{5}{6} = \dfrac{1}{6}$ で,これが 30 ページにあたるから,

全体のページ数は,$30 \div \dfrac{1}{6} = 180 (ページ)$

別解　全体のページ数を□ページとすると,

$30 + (□-30) \times \dfrac{2}{5} = \dfrac{1}{2} \times □$

$300 + (□-30) \times 4 = 5 \times □$

$300 + 4 \times □ - 120 = 5 \times □$

$□ = 300 - 120 = 180$

6 3日目に解く前の問題数は,
$12 \div \left(1-\dfrac{2}{3}\right) = 12 \times \dfrac{3}{1} = 36 (問)$

2日目に解く前の問題数は,
$(36+9) \div \left(1-\dfrac{2}{5}\right) = 45 \times \dfrac{5}{3} = 75 (問)$

よって,全体の問題数は,
$75 + 32 = 107 (問)$

7 トリにあたえる前の数は,
$4 \div \left(1-\dfrac{2}{3}\right) = 12 (個)$
サルにあたえる前の数は,
$12 \div \left(1-\dfrac{1}{2}\right) = 24 (個)$
イヌにあたえる前の数は,
$24 \div \left(1-\dfrac{1}{3}\right) = 36 (個) \cdots$ 最初に持っていた数

別解　4個が全体のどれくらいにあたるかを考えます。

$\left(1-\dfrac{1}{3}\right) \times \left(1-\dfrac{1}{2}\right) \times \left(1-\dfrac{2}{3}\right) = \dfrac{1}{9}$

これが 4 個にあたるから,最初の数は,

$4 \div \dfrac{1}{9} = 4 \times 9 = 36 (個)$

8 AのねだんはBよりも 3000 円高く,Bのねだんはの $\dfrac{4}{7}$ 倍よりも 600 円高いから,AとBのねだんの合計は,Aのねだんの $\dfrac{4}{7}$ 倍とBのねだんの合計より 3600 円高くなります。

よって,Aのねだんの $1-\dfrac{4}{7} = \dfrac{3}{7}$ が 3600 円にあたるから,Aのねだんは,

$3600 \div \dfrac{3}{7} = 8400 (円)$

よって,Bのねだんは,
$8400 - 3000 = 5400 (円)$

→ **ハイクラス**　　　　　　　　　p.64〜65

1 (1)40個　(2)25個
2 1350人
3 2000円
4 7200円
5 175 g
6 42人
7 (1)25 %
　(2)(例)AさんとCさんの得票数の差は,全体の $40-25 = 15 (%)$ で,それが 36 票だから,全体の得票数は,$36 \div 0.15 = 240 (票)$
また,Bさんの得票数は,全体の 35 %だから,$240 \times 0.35 = 84 (票)$

------- 📖 **解き方** -------

1 (1)あめ全体の $50+40 = 90 (%)$ より $5-1 = 4$ (個)多い数が全体の数と等しいので,4 個は,全体の $100-90 = 10 (%)$ にあたります。
　よって,全体の数は,$4 \div 0.1 = 40 (個)$
(2)兄のあめの個数は,$40 \times 0.5 + 5 = 25 (個)$

2 $\dfrac{1}{2} + \dfrac{5}{9} = \dfrac{19}{18}$ 　$\dfrac{19}{18} - 1 = \dfrac{1}{18}$

全体の $\dfrac{1}{18}$ が,$32+43 = 75 (人)$ にあたるので,

全体の人数は,$75 \div \dfrac{1}{18} = 1350 (人)$

3 2回目にお金を使う直前に持っていたお金は,
$(300+100) \div \left(1-\dfrac{2}{3}\right) = 1200 (円)$
はじめに持っていたお金は,
$(1200-200) \div \left(1-\dfrac{1}{2}\right) = 2000 (円)$

4 洋服のねだんは，はじめに持っていたお金の，

$$\left(1-\frac{2}{9}\right)\times\frac{3}{4}=\frac{7}{12}$$

よって，下の図のように，600円ははじめに持っていたお金の$\frac{2}{9}+\frac{7}{12}+\frac{5}{18}-1=\frac{39}{36}-1=\frac{1}{12}$にあたるから，はじめに持っていたお金は，

$$600\div\frac{1}{12}=7200（円）$$

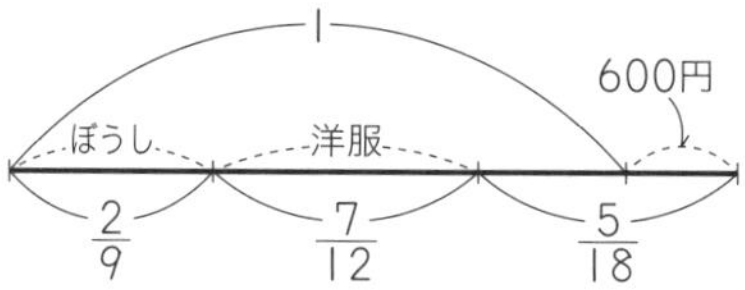

5 びんの$\frac{4}{5}-\frac{1}{3}=\frac{7}{15}$にはいった水の重さが

607－355＝252(g)なので，びんいっぱいの水の重さは，

$$252\div\frac{7}{15}=540（g）$$

びん$\frac{1}{3}$の水の重さは，$540\times\frac{1}{3}=180（g）$

よって，びんの重さは，355－180＝175(g)

6 正方形の1辺にならんだ人数を1とします。
このとき，正方形にならんだ人数は，1×4＝4よりも4人少なくなります。
また，正三角形にならんだ人数は，1×1.5×3＝4.5よりも3人少なくなります。
4＋4.5＝8.5にあたるのが，78＋4＋3＝85(人)
だから，正方形の1辺にならんだ人数は，
85÷8.5＝10(人)
よって，正三角形の1辺にならんだ人数は，
10×1.5＝15(人)だから，正三角形にならんだ人数は，15×3－3＝42(人)

7 (1)BさんとCさんの得票数の合計は，全体の，
100－40＝60(％)

Cさんの得票数はBさんの得票数の$\frac{5}{7}$だから，Bさんの得票数は，全体の，

$$60\div\left(1+\frac{5}{7}\right)=35（\%）$$

よって，Cさんの得票数は，全体の，
60－35＝25(％)

15 損益算

標準クラス　p.66～67

1 275円

---

2 2700円
3 1600円
4 5520円
5 品物ア，原価680円
6 800円
7 1.5倍
8 5個

解き方

1 定価は，2200×(1＋0.25)＝2750(円)
売りねは，2750×(1－0.1)＝2475(円)
利益は，2475－2200＝275(円)

> **ポイント** 損益算
> 利益や損失に関する問題（損益算）は，次の関係を使って解きます。
> 利益＝売りね－仕入れね
> 　　＝仕入れね×利益の割合
> 定価＝仕入れね＋見こみの利益
> 　　＝仕入れね×(1＋見こみの利益の割合)
> 売りね＝定価－割引額
> 　　　＝定価×(1－割引の割合)
> 損失＝仕入れね－売りね
> 　　＝仕入れね×損失の割合

2 利益は，2000×0.08＝160(円)
売りねは，2000＋160＝2160(円)
売りねは，定価の20％引きなので，定価は，
2160÷(1－0.2)＝2700(円)

3 定価は，1900＋500＝2400(円)
仕入れねは，2400÷(1＋0.5)＝1600(円)

4 仕入れねを1とすると，
定価は，1×(1＋0.15)＝1.15
売りねは，1.15×(1－0.2)＝0.92
1－0.92＝0.08　これが損をした金額の384円にあたるので，仕入れねは，
384÷0.08＝4800(円)
よって，定価は，4800×1.15＝5520(円)

5 アの売りねは，750×(1－0.1)＝675(円)
アの原価は，675＋5＝680(円)
イの売りねは，600×(1－0.12)＝528(円)
イの原価は，528－8＝520(円)
ウの原価を1とすると，
ウの定価は，1×(1＋0.3)＝1.3
ウの売りねは，1.3×(1－0.1)＝1.17
ウの利益は，1.17－1＝0.17　これが102円にあたるから，ウの原価は，102÷0.17＝600(円)
よって，原価が一番高いのはアで，680円

6 仕入れねを1とすると，

定価は，l×(1+0.4)＝1.4
1.4−1＝0.4 で，仕入れねの 0.4 がね引き額と
利益の和にあたるので，仕入れねは，
(200+120)÷0.4＝800(円)

7 仕入れねを□円とすると，売りねは，
□×(1+0.2)＝□×1.2(円)
すると，定価×(1−0.2)＝□×1.2 なので，
定価は，□×1.2÷0.8＝□×1.5(円)
よって，定価は仕入れねの 1.5 倍。

8 100 個がすべて良品だとしたときの利益は，
50×100＝5000(円)
実際の利益との差は，5000−4200＝800(円)
良品 1 個が不良品になると，利益は 50+110＝
160(円)だけ少なくなります。
よって，不良品の個数は，800÷160＝5(個)

→ ハイクラス　　　　　　　　　　　p.68〜69

1 3000 円

2 12 個

3 120 個

4 27750 円

5 55 個

6 32 ％

7 ⑴5000 円
⑵(例)この商品の仕入れねは，
5000×0.9−1300＝3200(円)
3200÷5000＝0.64
3200 円は 5000 円の 64 ％にあたるので，
最大 3 割引きまで引くことができ，そのと
きの売りねは，
5000×(1−0.3)＝3500(円)
利益は，3500−3200＝300(円)

📖 解き方

1 定価で売ったときの 1 個あたりの利益は，
75×0.2＝15(円)
よって，定価ですべてを売ったときの利益は，
15×200＝3000(円)

2 90 円ですべて売りきったときの利益は，
(90−60)×120＝3600(円)
実際の利益との差は，3600−2520＝1080(円)
これが売れ残った商品のねだんの合計に等しいか
ら，売れ残った個数は，1080÷90＝12(個)

3 定価は，600×(1+0.25)＝750(円)
売れた個数は，72000÷750＝96(個)
よって，仕入れた個数は，

96÷(1−0.2)＝120(個)

4 定価の 2 割引きが 1300 円だから，定価は，
1300÷(1−0.2)＝1625(円)
品物の 7 割の売り上げは，
1625×100×0.7＝113750(円)
残りの品物の売り上げは，
1300×100×(1−0.7)＝39000(円)
売り上げの合計は，
113750+39000＝152750(円)
仕入れねの合計は，
1625÷(1+0.3)×100＝125000(円)
よって，利益の合計は，
152750−125000＝27750(円)

5 定価は，624÷(1−0.2)＝780(円)
仕入れねは，780÷(1+0.3)＝600(円)
すべて定価で売ったときの利益は，
(780−600)×150＝27000(円)
2 割引きで売ると 1 個あたりの利益は 780−624
＝156(円)少なくなるから，2 日目に売れた個数
は，(27000−12180)÷156＝95(個)
よって，1 日目に売れた個数は，
150−95＝55(個)

6 原価を 1 とすると，
定価は，1×(1+0.5)＝1.5
定価で売れた売り上げは，$1.5×\frac{3}{5}＝1.5×0.6$
定価の 3 割引きで売れた売り上げは，
$1.5×(1−0.3)×\left(1−\frac{3}{5}\right)＝1.5×0.7×0.4$
よって，全体の売り上げは，
1.5×0.6+1.5×0.7×0.4＝0.9+0.42＝1.32
原価を 1 としたとき，全体の売り上げが 1.32 に
なるから，利益は，1.32−1＝0.32 → 32％

7 ⑴定価の 1 割引き(0.9)で売ったときの利益は，
1300 円。
定価の 2 割引き(0.8)で売ったときの利益は，
800 円。
よって，定価の 0.9 と 0.8 の差，0.1 が，
1300−800＝500(円)にあたります。
よって，定価は，500÷0.1＝5000(円)

16 濃度算

Y 標準クラス　　　　　　　　　　　p.70〜71

1 60 g

2 75 g

3 7.5 %

4 8 %

5 38 g

6 (1)20 %　(2)12.8 %

7 9 %

8 25 g

----- 📖解き方 -----

1 6 %の食塩水 300 g にふくまれる食塩の重さは，
300×0.06＝18(g)
5 %の食塩水に食塩が 18 g ふくまれるとき，
食塩水の重さは，18÷0.05＝360(g)
よって，加える水の重さは，360－300＝60(g)

> **ポイント**　濃度算
> 　食塩水の濃度に関する問題(濃度算)は，
> 次の公式を使って解きます。
> **食塩水の濃度(%)**
> **＝食塩の重さ÷食塩水の重さ×100**
> **食塩の重さ**
> **＝食塩水の重さ×食塩水の濃度(%)÷100**
> **食塩水の重さ**
> **＝食塩の重さ÷食塩水の濃度(%)×100**

2 5 %の食塩水 200 g にふくまれる食塩の重さは，
200×0.05＝10(g)
食塩 10 g が全体の 8 %になるような食塩水の重
さは，10÷0.08＝125(g)
よって，じょう発させた水の重さは，
200－125＝75(g)

> **ポイント**　水をじょう発させたときの
> 　　　　　食塩水の濃度
> 　水をじょう発させたとき，食塩水の重さは小さく
> なりますが，ふくまれる食塩の重さはかわりませ
> ん。

3 4 %の食塩水 200 g にふくまれる食塩の重さは，
200×0.04＝8(g)
これに，食塩 40 g と水 400 g を加えるのだから，
その濃さは，
(8＋40)÷(200＋40＋400)×100
＝48÷640×100＝7.5(%)

4 5 %の食塩水 150 g にふくまれる食塩の重さは，
150×0.05＝7.5(g)
9 %の食塩水 450 g にふくまれる食塩の重さは，
450×0.09＝40.5(g)
よって，混ぜ合わせてできる食塩水の濃さは，
(7.5＋40.5)÷(150＋450)×100
＝48÷600×100＝8(%)

5 5 %，12 %，13 %の食塩水にふくまれる食塩
の重さを合計すると，
50×0.05＋120×0.12＋130×0.13
＝33.8(g)
この重さが 10 %にあたる食塩水の重さは，
33.8÷0.1＝338(g)
よって，加える水の重さは，
338－(50＋120＋130)＝38(g)

6 (1)そう作を 1 回したときの食塩の重さは，
(100－20)×0.25＝20(g)
そう作を 1 回したときの濃度は，
20÷100×100＝20(%)
(2)そう作を 2 回したときの食塩の重さは，
(100－20)×0.2＝16(g)
そう作を 2 回したときの濃度は，
16÷100×100＝16(%)
そう作を 3 回したときの食塩の重さは，
(100－20)×0.16＝12.8(g)
そう作を 3 回したときの濃度は，
12.8÷100×100＝12.8(%)

7 4 %の食塩水 200 g にふくまれる食塩の重さは，
200×0.04＝8(g)
混ぜてできた食塩水にふくまれる食塩の重さは，
(200＋300)×0.07＝35(g)
これらの差 35－8＝27(g)が濃度のわからない
食塩水にふくまれる食塩の重さなので，求める濃
度は，27÷300×100＝9(%)

8 10 %の食塩水 200 g にふくまれる食塩の重さは，
200×0.1＝20(g)
水の重さは，200－20＝180(g)
加える食塩の重さを□ g とすると，
□＋200＝180÷(1－0.2)
□＝180÷0.8－200＝225－200＝25(g)

➡ **ハイクラス**　　　　　　　　　　p.72〜73

1 12 %

2 7.5 %

3 150 g

4 9 %

5 7 %

6 (1)10 %　(2)14 %　(3)7 %

----- 📖解き方 -----

1 6 %の食塩水 300 g にふくまれる食塩の重さは，
300×0.06＝18(g)
混ぜ合わせてできた食塩水にふくまれる食塩の重

さは,

(300+150+30)×0.075=36(g)

これらの差 36−18=18(g)が濃度がわからない食塩水から入ってきた食塩です。

よって, 150 g の食塩水の濃度は,

18÷150×100=12(%)

2 4 %の食塩水 300 g にふくまれる食塩の重さは,

300×0.04=12(g)

混ぜ合わせた食塩水から 175 g の水をじょう発させたときの重さは,

300+400−175=525(g)

この食塩水の濃度は 8 %だから, その中にふくまれる食塩の重さは,

525×0.08=42(g)

400 g の食塩水にふくまれる食塩の重さは,

42−12=30(g)

よって, 400 g の食塩水の濃度は,

30÷400×100=7.5(%)

3 9 %の食塩水の重さを□ g とすると,

□×(9−5.8)=(5.8−5)×200 より, □=50

9 %の食塩水にふくまれる食塩の重さは,

50×0.09=4.5(g)

よって, 3 %の食塩水の重さは,

4.5÷0.03=150(g)

4 3 %の食塩水 200 g にふくまれる食塩の重さは,

200×0.03=6(g)

できた 4 %の食塩水(200+100)g にふくまれる食塩の重さは,

(200+100)×0.04=12(g)

よって, 食塩水Aにふくまれる食塩の重さは,

12−6=6(g)

食塩水Aの濃度は, 6÷100×100=6(%)

ここで, 3 %の食塩水 200 g と食塩水B 200 g を混ぜた食塩水の濃度が 6 %になるので, そこにふくまれる食塩の重さは,

(200+200)×0.06=24(g)

3 %の食塩水 200 g にふくまれる食塩の重さは 6 g なので, 食塩水Bにふくまれていた食塩の重さは, 24−6=18(g)

よって, 食塩水Bの濃度は,

18÷200×100=9(%)

5 2 回目に混ぜ合わせてできた 6 %の食塩水にふくまれる食塩の重さは,

(200+100)×0.06=18(g)

10 %の食塩水 100 g にふくまれる食塩の重さは,

100×0.1=10(g)

1 回目に混ぜ合わせてできた食塩水から取り出し

た 200 g にふくまれる食塩の重さは, 18−10=8(g)だから, 取り出す前の食塩水 400 g にふくまれる食塩の重さは, $8×\dfrac{400}{200}=16(g)$

3 %の食塩水 300 g にふくまれる食塩の重さは,

300×0.03=9(g)

濃さがわからない食塩水 100 g にふくまれる食塩の重さは, 16−9=7(g)

よって, 濃さがわからない食塩水の濃度は,

7÷100×100=7(%)

6 (1)容器Aから取り出した食塩水 100 g にふくまれている食塩の重さは, 100×0.16=16(g)

はじめの容器Bの食塩水にふくまれている食塩の重さは, 200×0.07=14(g)

そう作①のあと, 容器Bの食塩水にふくまれている食塩の重さは, 16+14=30(g)

また, 食塩水の重さは, 200+100=300(g)

よって, 求める食塩水の濃さは,

30÷300×100=10(%)

(2)(1)のあと, 容器Aに残っている食塩水は,

300−100=200(g)

その中にふくまれている食塩の重さは,

200×0.16=32(g)

容器Bから取り出した食塩水 100 g にふくまれる食塩の重さは, 100×0.1=10(g)

ここでそう作②を行うと, 容器Aの食塩水にふくまれる食塩の重さは, 32+10=42(g)

食塩水の重さは, 200+100=300(g)

よって, 求める食塩水の濃さは,

42÷300×100=14(%)

(3)濃さが 13 %の容器Aの食塩水にふくまれている食塩の重さは, 300×0.13=39(g)

(2)より, そう作①が終わったときの容器Aの食塩水にふくまれている食塩の重さは 32 g だから, 容器Bからはいった食塩の重さは,

39−32=7(g)

容器Bからはいった食塩水は 100 g だから, 容器Bの食塩水の濃さは,

7÷100×100=7(%)

17 消去算

標準クラス　　　　　　　　p.74〜75

1 120 円

2 A 1500 円, B 1300 円

3 (1)180 円

(2) (例) A さんと B さんの買ったノートの数の合計は、大判のノート 8 さつ、小判のノート 8 さつです。
代金の合計は 1260＋1140＝2400（円）なので、大判のノート 1 さつと小判のノート 1 さつの合計のねだんは、
2400÷8＝300（円）

4 ノート 80 円、ボールペン 120 円

5 A 125 g、B 150 g

6 大人 1500 円、子ども 750 円

7 消しゴム 80 円、えん筆 50 円、
ノート 120 円

- - - - - - 📖解き方 - - - - - -

1 りんご 2 個とみかん 3 個で 480 円なので、りんご 4 個とみかん 6 個で 480×2＝960（円）
りんご 4 個とみかん 2 個で 640 円なので、みかん（6－2）個が（960－640）円になります。
よって、みかん 1 個のねだんは、
（960－640）÷（6－2）＝320÷4＝80（円）
りんご 1 個のねだんは、
（480－80×3）÷2＝120（円）

2 A 2 個と B 5 個で 9500 円なので、
A 6 個と B 15 個で 9500×3＝28500（円）
また、A 3 個と B 2 個で 7100 円なので、
A 6 個と B 4 個で 7100×2＝14200（円）
よって、B（15－4）個が（28500－14200）円となります。
B 1 個のねだんは、
（28500－14200）÷（15－4）＝1300（円）
A 1 個のねだんは、
（9500－1300×5）÷2＝1500（円）

3 (1) A は、大 5 さつ＋小 3 さつ＝1260（円）より、この組み合わせで 5 セット買ったとすると、
大 25 さつ＋小 15 さつ＝6300（円）
B は、大 3 さつ＋小 5 さつ＝1140（円）より、この組み合わせで 3 セット買ったとすると、
大 9 さつ＋小 15 さつ＝3420（円）
このとき、代金の差は、大判のノート（25－9）さつ分にあたります。
したがって、大判のノート 1 さつのねだんは、
（6300－3420）÷（25－9）＝180（円）

4 A さんは、ノート 5 さつとボールペン 3 本で 760 円なので、ノート 10 さつとボールペン 6 本では、
760×2＝1520（円）
B さんは、ノート 6 さつとボールペン 2 本で 760－40＝720（円）なので、

ノート 18 さつとボールペン 6 本では、
720×3＝2160（円）
どちらもボールペンが 6 本になっていますから、代金のちがいはノートの数のちがいによります。
ノート（18－10）さつが（2160－1520）円になります。
よって、ノート 1 さつのねだんは、
（2160－1520）÷（18－10）＝80（円）
ボールペン 1 本のねだんは、
（720－80×6）÷2＝120（円）

5 A 5 個と B 4 個の重さの合計は 1 kg 225 g。
ここで、A 1 個の重さは B 1 個より 25 g 軽いので、A 5 個の重さは、B 5 個分より、（25×5）g 軽いことになります。
したがって、A 5 個と B 4 個の重さ 1 kg 225 g（＝1225 g）より、B 9 個分の重さは（25×5）g 重いことになります。
よって、B 1 個の重さは、
（1225＋25×5）÷9＝150（g）
A 1 個の重さは、150－25＝125（g）

6 大人の入場料は子どもの入場料の 2 倍なので、大人 1 人の入場料は子ども 2 人の入場料と同じになります。
したがって、大人 3 人と子ども 4 人の入場料は子ども 6 人と子ども 4 人、つまり子ども 10 人と同じ入場料となります。
子ども 1 人の入場料は、7500÷10＝750（円）
大人 1 人の入場料は、750×2＝1500（円）

7 けんいちさん、しんじさん、げんぞうさんの買ったものと代金を合計すると、消しゴム 2 個、えん筆 2 本、ノート 2 さつの代金が（130＋170＋200）円になります。
したがって、消しゴム、えん筆、ノートをそれぞれ 1 つずつ買ったときの金額は、
（130＋170＋200）÷2＝250（円）
消しゴム 1 個は、250－170＝80（円）
えん筆 1 本は、250－200＝50（円）
ノート 1 さつは、250－130＝120（円）

➡ ハイクラス　p.76～77

1 (1) 450 円　(2) 100 円

2 160 円

3 A 130 g、B 150 g、C 200 g

4 A 君 83 点、B 君 77 点、C 君 59 点

5 赤いバラ 234 円、白いバラ 366 円

6 ガム 88 円、あめ 122 円、

ポテトチップス 238円

7 プリン115円，ゼリー85円，
　　ケーキ130円

―――――――― 📖解き方 ――――――――

1 (1)かおるさん，しずえさん，なおこさんの買っ
　　たものの代金を合計すると，A6個，B6個，
　　C6個の代金が，(600＋950＋1150)円にな
　　ります。
　　したがって，A，B，Cをそれぞれ1個ずつ買っ
　　たときの金額(きんがく)は，
　　(600＋950＋1150)÷6＝450(円)
　　(2)B1個は，600－450＝150(円)
　　A，B，Cを3個ずつ買うと，
　　450×3＝1350(円)
　　なおこさんは，これよりA1個分だけ少なく
　　買っているので，A1個は，
　　1350－1150＝200(円)
　　よって，C1個のねだんは，
　　450－(150＋200)＝100(円)

2 もも1個のねだんは，みかん1個のねだんの2倍
　　なので，もも5個の代金は，みかん10個の代金
　　と同じになります。
　　また，りんご1個のねだんはみかん1個のねだ
　　んより20円高いから，りんご3個の代金はみ
　　かん3個の代金より，20×3＝60(円)高くなり
　　ます。
　　よって，りんご3個，みかん7個，もも5個よ
　　り60円安いみかん3＋7＋10＝20(個)の代金は，
　　1660－60＝1600(円)となります。
　　よって，みかん1個のねだんは，
　　1600÷20＝80(円)
　　もも1個のねだんは，80×2＝160(円)

3 BはAより20g重く，CはBより50g重いので，
　　CはAより20＋50＝70(g)重くなります。
　　したがって，B3個の重さは，A3個の重さより，
　　20×3＝60(g)重いです。
　　C4個の重さは，A4個の重さより，70×4＝
　　280(g)重くなっています。
　　よって，A2個，B3個，C4個の重さ1kg
　　510gは，A2＋3＋4＝9(個)の重さより，
　　60＋280＝340(g)重いことになります。
　　A1個の重さは，(1510－340)÷9＝130(g)
　　B1個の重さは，130＋20＝150(g)
　　C1個の重さは，150＋50＝200(g)

4 3人の点数はA君＞B君＞C君なので，A君と
　　B君の合計点は160点，A君とC君の合計点は

142点，B君とC君の合計点は136点になります。
A君，B君，C君の3人の合計点は，
(160＋142＋136)÷2＝219(点)
よって，A君の点数は，219－136＝83(点)
B君の点数は，219－142＝77(点)
C君の点数は，219－160＝59(点)

5 赤5本と白3本の代金は，
2500－232＝2268(円)
これを2セット買うと，赤10本と白6本で，
2268×2＝4536(円)
また，赤4本と白6本で，
2500＋632＝3132(円)
ここで，白6本は同じなので，3132円と4536
円の代金のちがいは，赤の本数10－4＝6(本)の
ちがいによることがわかります。
よって，赤1本のねだんは，
(4536－3132)÷6＝234(円)
白1本のねだんは，
(2268－234×5)÷3＝366(円)

6 ポテトチップス1ふくろが，ガム1個とあめ1
個のねだんに28円を加えたねだんです。
したがって，ポテトチップス2ふくろは，ガム
2個とあめ2個のねだんに，28×2＝56(円)を
加えたねだんになります。
よって，ガム4個，あめ3個，ポテトチップス
2ふくろの代金は，ガム(4＋2)個，あめ(3＋2)
個＋56円となるから，ガム6個，あめ5個の
代金は，1194－56＝1138(円)
同じように考えると，ガム3個，あめ4個，ポテ
トチップス3ふくろの代金は，ガム(3＋3)個，
あめ(4＋3)個＋84円となるから，ガム6個，
あめ7個の代金は，
1466－84＝1382(円)
ここで，1382円と1138円のちがいは，ガム6
個は同じだから，あめ7個とあめ5個のちがい
によるものだとわかります。
よって，あめ1個のねだんは，
(1382－1138)×(7－5)＝122(円)
ガム1個のねだんは，
(1138－122×5)÷6＝88(円)
ポテトチップス1ふくろのねだんは，
88＋122＋28＝238(円)

7 ケーキ1個のねだんは，プリン1個のねだんより
15円高くなっています。
したがって，ケーキ4個は，プリン4個のねだんに，
15×4＝60(円)を加えたねだんになります。
よって，プリン3個，ゼリー5個，ケーキ4個の

代金は，プリン(3＋4)個，ゼリー5個＋60円となるから，プリン7個とゼリー5個の代金は，
1290－60＝1230(円)
また，Aさんは，ゼリーとケーキの数を逆にして買ったので，買った種類と数は，プリン3個，ゼリー4個，ケーキ5個で，代金は1335円。
ここで，ケーキ5個は，プリン5個のねだんに15×5＝75(円)を加えたねだん。
よって，Aさんが買ったものは，プリン(3＋5)個，ゼリー4個＋75円分となるから，プリン8個とゼリー4個の代金は，
1335－75＝1260(円)
また，プリン7個とゼリー5個で1230円を，4セット買うと，プリン28個とゼリー20個で，
1230×4＝4920(円)
プリン8個とゼリー4個で1260円を，5セット買うと，プリン40個とゼリー20個で，
1260×5＝6300(円)
2つのセット内容をくらべると，ゼリー20個は同じだから，4920円と6300円のちがいは，プリン28個とプリン40個のちがいによるものだとわかります。
よって，プリン1個のねだんは，
(6300－4920)÷(40－28)
＝1380÷12＝115(円)
ケーキ1個のねだんは，
115＋15＝130(円)
ゼリー1個のねだんは，
(1260－115×8)÷4＝85(円)

チャレンジテスト⑤　p.78〜79

[1]　65 m²

[2]
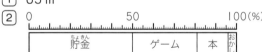

[3]　279

[4]　70 円

[5]　(1)250 g　(2)14 %

[6]　(1)9600 円　(2)3 割

解き方

[1]　残った $\frac{1}{3}$ が 13 m² だから，サルビアの種をまく

予定面積は，

$13 \div \frac{1}{3} = 39 \, (\text{m}^2)$

これが全体の 60 ％だから，花だんの面積は，
39÷0.6＝65(m²)

[2]　ゲームの割合は，
2480÷8000×100＝31(%)
本の割合は，
400×3÷8000×100＝15(%)
それぞれを求めて，グラフをかきます。
残った部分がおかしになります。

[3]　(54＋3)問が，10日前に残っていた問題数の $1-\frac{4}{7}$ にあたるので，10日前に残っていた問題数は，

$(54+3) \div \left(1-\frac{4}{7}\right) = 133(\text{問})$

その10日前に残っていた問題数は，

$(133+2) \div \left(1-\frac{3}{8}\right) = 216(\text{問})$

よって，最初に出た問題数は，

$(216+1) \div \left(1-\frac{2}{9}\right) = 279(\text{問})$

[4]　A，B，Cのうちで，一番安いのはAです。B1個は，A1個のねだんに24円を加えたねだん。C1個は，B1個のねだんに15円を加えたねだんなので，C1個は，A1個のねだんに24＋15＝39(円)を加えたねだんです。
したがって，A5個，B7個，C6個の代金は，A5個，A7個と(24×7)円，A6個と(39×6)円。
これが960円なので，A(5＋7＋6)個の代金は，
(960－24×7－39×6)円
よって，A1個のねだんは，
(960－24×7－39×6)÷(5＋7＋6)＝31(円)
C1個のねだんは，
31＋39＝70(円)

[5]　(1)Aの食塩水の濃度は8％です。Bの容器に移した後のAの容器に残った食塩の重さが4gで，それが8％にあたる食塩水の重さは，
4÷0.08＝50(g)
よって，移した食塩水は，
300－50＝250(g)
(2)Aの容器から移った食塩の重さは，
250×0.08＝20(g)
したがって，Bの容器の食塩水の濃度は，
20÷(150＋250)×100＝5(%)
Bの容器からCの容器に移した食塩の重さは，
160×0.05＝8(g)
よって，最初にCの容器にはいっていた食塩水にふくまれていた食塩の重さは，
(160＋200)×0.1－8＝28(g)
求める濃度は，28÷200×100＝14(%)

6 (1)キズがついたえん筆の本数は，

$1000 \times \frac{1}{5} = 200$（本）

よって，その売上額は，

$60 \times 0.8 \times 200 = 9600$（円）

(2)最初の計画の売上額は，

$60 \times (1+0.2) \times 1000 = 72000$（円）

これは実際の売上額に等しいから，キズがついていないえん筆の売上額は，

$72000 - 9600 = 62400$（円）

キズがついていないえん筆の本数は，

$1000 - 200 = 800$（本）

よって，定価は，$62400 \div 800 = 78$（円）

したがって，定価に見こんだ利益の割合は，

$(78 \div 60) - 1 = 0.3 \rightarrow 3$ 割

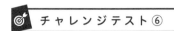

チャレンジテスト⑥ 　p.80〜81

1 みかん 80 円，りんご 120 円

2 (1)20 %まで　(2)2 個まで　(3)5.75 %

3 28000 円

4 (1)7 %　(2)180 g　(3)6.4 %

────── 📖解き方 ──────

1 みかん 10 個とりんご 5 個を買うと，合わせて 15 個なので，1260 円の代金は 1 割引き後の代金です。

よって，割引き前の代金は，

$1260 \div 0.9 = 1400$（円）

みかん 5 個とりんご 4 個で 880 円。

これを 2 セット買うと，みかん 10 個とりんご 8 個で，割引きをしないとき，

$880 \times 2 = 1760$（円）

よって，りんご 1 個のねだんは，

$(1760 - 1400) \div (8-5) = 120$（円）

みかん 1 個のねだんは，

$(880 - 120 \times 4) \div 5 = 80$（円）

2 (1)仕入れねを 1 とすると，売りねは，

$1 \times (1+0.25) = 1.25$

$1 \div 1.25 \times 100 = 80$（%）

仕入れねは，売りねの 80 %のねだんだから，

$100 - 80 = 20$（%）までね引きできます。

(2)売りねは，1 個 1.25 だから，10 個分では

$1.25 \times 10 = 12.5$

仕入れねは，$1 \times 10 = 10$ だから，利益は，

$12.5 - 10 = 2.5$

仕入れねで 2.5 個分の利益なので，売りねはそ

のままで個数を増やすなら，2 個まで増やすことができます。

(3)18 個分の売りねは，$1.25 \times 18 = 22.5$

ね引きした実際の売りねは，

$22.5 \times (1 - 0.06) = 21.15$

20 個の仕入れねは，$1 \times 20 = 20$

全体の利益は，$21.15 - 20 = 1.15$

よって，1 個分の利益は，

$1.15 \div 20 \times 100 = 5.75$（%）

3 はじめの予算を □ 円とすると，

かかった交通費は，$\square \times \frac{3}{5} \times \frac{4}{3} = \square \times \frac{4}{5}$（円）

また，残りが予定通りだったら，その費用は，

$\square \times \frac{2}{5}$（円）

全体の費用は，$\square \times \frac{4}{5} + \square \times \frac{2}{5} = \square \times \frac{6}{5}$

実際にかかった費用は，予算の $\frac{9}{8}$ 倍なので，

$\square \times \frac{9}{8}$（円）

よって，$\square \times \frac{6}{5}$ と $\square \times \frac{9}{8}$ の差が 2100 円にあたります。

$\square \times \left(\frac{6}{5} - \frac{9}{8}\right) = 2100$

$\square \times \frac{3}{40} = 2100$

$\square = 2100 \div \frac{3}{40} = 28000$

4 (1)できた食塩水の重さは，

$200 + 400 = 600$（g）

ふくまれる食塩の重さは，

$200 \times 0.03 + 400 \times 0.09 = 42$（g）

よって，濃さは，

$42 \div 600 \times 100 = 7$（%）

(2)42 g の食塩が食塩水全体の重さの 0.1 にあたるので，じょう発させた後の食塩水の重さは，

$42 \div 0.1 = 420$（g）

よって，じょう発させた水の重さは，

$600 - 420 = 180$（g）

(3)1 回目に 84 g の食塩水を取り出し，84 g の水を入れてかき混ぜた後の食塩水の濃さは，

$(420 - 84) \times 0.1 \div 420 \times 100 = 8$（%）

さらに，2 回目に 84 g の食塩水を取り出し，84 g の水を入れてかき混ぜた後の食塩水の濃さは，

$(420 - 84) \times 0.08 \div 420 \times 100 = 6.4$（%）

18 速　さ

1 (1)① 5.4　② 1.5
(2)18

2 (1)39　(2)12

3 毎分 50 m

4 14.4 秒

5 時速 8 km

6 1.25 倍$\left(1\frac{1}{4}\text{ 倍},\ \frac{5}{4}\text{ 倍}\right)$

7 (1)25 分後　(2)12 分間

📖 解き方

1 (1)① 分速 90 m＝時速 90×60 m＝時速 5400 m
　　　＝時速 5.4 km
　　② 分速 90 m＝秒速 90÷60 m＝秒速 1.5 m
(2)1 時間は 60×60 秒だから，10 秒で 50 m 走
　る人の速さは，
　時速 50÷10×60×60＝18000(m)
　→ 18 km

2 (1)歩く速さは，分速 325÷5＝65(m)
　1 時間歩いた道のりは，65×60＝3900(m)
　自動車の速さは，分速 3900÷6＝650(m)
　時速は，650×60＝39000(m)→ 39 km
(2)3 時間 36 分＝$3\frac{36}{60}$ 時間＝$\frac{18}{5}$ 時間

　$\square\times\frac{3}{5}\div3+\square\times\frac{2}{5}\div4=\frac{18}{5}$

　$\square\times\frac{3}{10}=\frac{18}{5}$

　$\square=12$

☝ポイント　速さの公式
　速さ，道のり，時間の間には，次の関係があります。
速さ＝道のり÷時間
道のり＝速さ×時間
時間＝道のり÷速さ

3 行きにかかった時間は，1200÷60＝20(分)で，
全体で 44 分かかっているから，帰りに
44−20＝24(分)かかったことがわかります。
よって，帰りの速さは，
毎分 1200÷24＝50(m)

4 B が 100−20＝80(m)を走るのにかかる時間を
求めればよいから，
18÷100×80＝14.4(秒)

5 18÷12＝1.5(時間)
18÷6＝3(時間)
よって，平均の速さは，
時速(18×2)÷(1.5+3)＝36÷4.5＝8(km)

```
          ┌------18km------┐
        A ├----------------┤ B
        行き→          ←帰り
       時速12km       時速6km
```

☝ポイント　平均の速さの求め方
　ある道のりを往復するときの平均の速さは，全体の道のりをかかった時間でわって求めます。行きと帰りの速さの平均はとりません。

6 2 時間 5 分＝125 分，2 時間 55 分＝175 分
20 km 地点までの分速は，
20÷125＝0.16(km)
残り 10 km の分速は，
10÷(175−125)＝0.2(km)
よって，残り 10 km の速さはそれまでの，
0.2÷0.16＝1.25(倍)

7 (1)特急列車の分速は，

　$18\div(27-12)=\frac{6}{5}$(km)

　よって，$30\div\frac{6}{5}=25$(分後)

(2)普通列車の分速は，

　$18\div21=\frac{6}{7}$(km)

　よって，30 km 進むのにかかる時間は，

　$30\div\frac{6}{7}=35$(分)

　特急列車は 12+25＝37(分)に Q 駅に着くから，普通列車が停車したのは，
　37+10−35＝12(分間)

1 1260 m

2 1440 m(1.44 km)

3 (1)36 km　(2)時速 88 km　(3)208 km

4 (1)12 km　(2)時速 36 km

5 (1)5.4 km　(2)2400 m

📖 解き方

1 予定の時こくまで歩くと，
分速 45 m では，駅の 45×6＝270(m)前にいる。
分速 63 m では，駅の 63×2＝126(m)先にいる。
このちがいは，分速のちがい(63−45)m による
ものだから，出発してから予定の時こくまでは，
(270+126)÷(63−45)＝22(分)
よって，家から駅までのきょりは，
45×(22+6)＝1260(m)

❷ いつもの速さを毎分□mとすると，いつもより毎分 20 m 速く歩いたときの速さは，毎分 (□＋20)m となります。線分図に表すと，

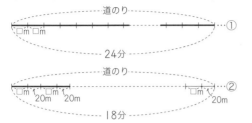

①は，求める道のりの 24 等分，②は 18 等分です。そこで，②の□mと 20 m を分けて表すと，次の図のようになります。

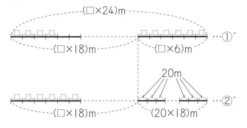

求めたい道のり(m)は□×24 で，それと等しいのが(□＋20)×18 です。
つまり，□×18＋□×6＝□×18＋20×18 となります。
このことから，□×6＝20×18 となり，□＝60
24 分かかるので，60×24＝1440(m)

❸ (1) A 市から B 町までがすべて高速道路であるとして，時速 80 km で走れたとすると，5 時間 6 分で進むきょりは，80×5.1＝408(km)
実際の道のりは 300 km で，408－300＝108 (km)だけ短いです。
時速 80 km のところを時速 20 km で走ると，1 時間あたり進む道のりは 60 km 短くなるから，一般道を走った時間は，
108÷60＝1.8(時間)
よって，一般道の道のりは，20×1.8＝36(km)

(2) (1)より，高速道路の道のりは 300－36＝264 (km)で，高速道路を走った時間は，5.1－1.8 ＝3.3(時間)
18 分＝0.3 時間短くするとき，264 km を 3.3 －0.3＝3(時間)で走ればよいから，求める時速は，264÷3＝88(km)

(3) 所要時間が 5 時間 20 分のとき，高速道路 264 km を走る時間は，
5 時間 20 分－1.8 時間＝3 時間 32 分
これをすべて時速 60 km で走るとき，進む道のりは，60×3 $\frac{32}{60}$ ＝212(km)

これは実際の高速道路の道のりより
264－212＝52(km)だけ短いです。
時速 60 km のところを時速 80 km で走ると，1 時間あたり進む道のりは 20 km 長くなるから，時速 80 km で走った時間は，
52÷20＝2.6(時間)
よって，時速 80km で走った道のりは，
80×2.6＝208(km)

❹ (1) 直通バスは，A 駅と B 駅を往復するのに，39 分かかっています。
B 駅での停車時間は 3 分なので，片道にかかった時間は，
(39－3)÷2＝18(分)
よって，A 駅と B 駅のきょりは，
40× $\frac{18}{60}$ ＝12(km)

(2) 経由バスが，A 駅から C 駅を通って B 駅までを往復するのに，39＋20＝59(分)かかっています。
このうち，停車するのは，B 駅に 1 回，C 駅に 2 回なので，停車時間の合計は，3×3＝9(分)
経由バスが走っている時間は，片道では，
(59－9)÷2＝25(分)
また，A 駅から C 駅までと C 駅から B 駅までのきょりの合計は，8＋7＝15(km)
よって，経由バスの速さは，
時速 15÷ $\frac{25}{60}$ ＝36(km)

❺ (1) 予定通りだと分速 60 m で歩いて 1 時間半＝90 分で着くから，ハイキングコースの長さは，
60×90＝5400(m) → 5.4 km

(2) 分速 80 m で歩いた道のりを□mとすると，分き点 A まで歩いた時間と A から目的地まで歩いた時間の和は 90－10＝80(分)だから，
$\frac{5400－□}{60}$ ＋ $\frac{□}{80}$ ＝80
(5400－□)×4＋□×3＝80×240
□＝2400

19 旅人算

▼ **標準クラス**　　　　　　　　　　　　　p.86〜87

❶ 19 分後

❷ (1) 810 m　(2) 分速 135 m

❸ 午前 9 時 20 分

❹ (1) 12 分後

(2)（例）20 と 30 の最小公倍数は 60 で，2 人は 12 分ごとにすれちがうから，2 人は 12 分後，24 分後，36 分後，48 分後にすれちがった後，60 分後に同時に出発点にもどり，その後はその 5 か所だけですれちがいます。

⑤ 15 分後

⑥ (1) 15 分　(2) 1.25 km

① B さんが歩きはじめたとき，A さんは，
$60 \times 9 = 540$（m）進んでいるから，2 人の間は
$3200 - 540 = 2660$（m）はなれています。
この道のりを，2 人は 1 分間に，$60 + 80 = 140$（m）ずつ近づいていきます。
よって，はじめて出会うのは，
$2660 \div 140 = 19$（分後）

> **ポイント　旅人算（周回コース上）**
> 2 人が移動するとき，2 人が出会ったり，一方が他方に追いついたりするまでの時間に関する問題を旅人算といいます。
> 2 人が逆向きに周回コースを回るとき，2 人が進んだ道のりの和がコース 1 周分になると，2 人は出会います（出会い算）。
> **2 人の速さの和×出会うまでの時間＝1 周**
> 2 人が同じ向きに周回コースを回るとき，2 人が進んだ道のりの差がコース 1 周分になると，速い人はおそい人に追いつきます（追いつき算）。
> **2 人の速さの差×追いつくまでの時間＝1 周**

② (1) A さんと B さんの進む道のりの和が 1500 m，差が $20 \times 6 = 120$（m）なので，A さんが進んだ道のりは，$(1500 + 120) \div 2 = 810$（m）
(2) 分速，$810 \div 6 = 135$（m）

③ 5 分後に，姉は $90 \times 5 = 450$（m）歩いています。
その後，午前 9 時 5 分から 9 時 11 分までの 6 分で 2 人は出会うので，池 1 周の道のりは，
$450 + (90 + 60) \times 6 = 450 + 900 = 1350$（m）
よって，次に 2 人が出会うのは，
$1350 \div (90 + 60) = 9$（分後）
最初に出会った 9 時 11 分から，9 分後なので，2 回目に出会うのは，午前 9 時 20 分

④ (1) 池のまわり 1 周の道のりを 60 とすると，かけるさんの速さは分速，$60 \div 20 = 3$，あゆみさんの速さは分速，$60 \div 30 = 2$
2 人が 1 分間に進む道のりは $3 + 2 = 5$ で，2 人が進んだ道のりの合計が 60 になったとき 2 人はすれちがうから，2 人がすれちがうのは，

$60 \div 5 = 12$（分後）

⑤ 弟が出発するまでに兄が歩いた道のりは，
$60 \times 5 = 300$（m）
弟が出発してから 2 人は毎分$(80 - 60)$m ずつ近づいていくから，弟が兄に追いつくのは，弟が出発してから，
$300 \div (80 - 60) = 15$（分後）

> **ポイント　旅人算（直線上）**
> 2 人が 1 本の道の上をおたがいの方に進むとき，2 人の進んだ道のりの和が 2 人のはじめのきょりに等しくなると，2 人は出会います（出会い算）。
> **2 人の速さの和×出会うまでの時間＝きょり**
> 2 人が 1 本の道の上を同じ向きに進むとき，2 人の進んだ道のりの差が 2 人のはじめのきょりに等しくなると，速い人はおそい人に追いつきます（追いつき算）。
> **2 人の速さの差×追いつくまでの時間＝きょり**

⑥ (1) 兄が再び家を出るのは，最初に家を出てから，
$5 \times 2 = 10$（分後）
このときの弟の家からのきょりは，
$3 \times \dfrac{10}{60} = 0.5$（km）
兄と弟が同時に図書館に着いたということは，兄が弟に追いついたということだから，その時間は，
$0.5 \div (5 - 3) \times 60 = 15$（分）
(2) 兄は時速 5 km で，15 分かかって，図書館に着いたので，そのきょりは，
$5 \times \dfrac{15}{60} = 1.25$（km）

ハイクラス　p.88〜89

① (1) 分速 340 m　(2) 2 分 15 秒
② (1) 5040 m　(2) 8 分
③ 1 分 32 秒後
④ (1) 8 時 51 分　(2) 14 km　(3) 3.5 km
(4) 3 分 45 秒

① (1) A 君と B 君の分速のちがいは，
$900 \div 9 = 100$（m）
よって，B 君の分速は，
$240 + 100 = 340$（m）
(2) B 君と C 君の分速の合計は，
$900 \div 1\dfrac{48}{60} = 500$（m）

したがって，C君の分速は，

$500-340=160$（m）

よって，A君とC君は，

$900÷(240+160)=\dfrac{9}{4}=2\dfrac{1}{4}$（分）より，

2分15秒ごとにすれちがいます。

2 (1)一郎さんと花子さんは同時にBに着いたので，一郎さんが出発した時点から，花子さんがBに着くまでに進んだ道のりは，AからBまでの道のりの $\dfrac{120}{90}=\dfrac{4}{3}$ になります。花子さんがわすれ物に気づいてからBに着くまでに進んだ道のりが，AからBまでの道のりの $\dfrac{1}{3}+1=\dfrac{4}{3}$ なので，花子さんがわすれ物に気づいたのは，花子さんが出発してから14分後であることがわかります。

花子さんがAからBまでの道のりのちょうど $\dfrac{1}{3}$ の地点に着くまでに14分かかるから，花子さんがもどらずにAからBまで行くときにかかる時間は，$14÷\dfrac{1}{3}=42$（分）

よって，AからBまでの道のりは，

$120×42=5040$（m）

(2)花子さんが14分後にいる地点のAからの道のりは，$5040×\dfrac{1}{3}=1680$（m）

一郎君がA地点を出発してから□分後に花子さんとすれちがうとすると，

$(90+120)×□=1680$　$210×□=1680$

よって，□＝8（分）

3 A君は1往復するのに50秒かかり，次に出るのは，その10秒後。

B君は1往復するのに60秒かかり，次に出るのは，その10秒後。

A君は，0，60，120……秒後に出ます。

B君は，0，70，140……秒後に出ます。

ここで，90秒後には，A君はゴール地点から，B君はスタート地点から走っているので，ここではじめてすれちがいます。

B君の速さは，秒速 $100÷25=4$（m）

A君が90秒後にスタート地点に向かって進むとき，B君はスタート地点から，

$4×(90-70)=80$（m）進んでいます。

また，A君の速さは，秒速 $100÷20=5$（m）

2人は，20mはなれているから，

$20÷(5+4)=2.2……$ で，2秒後に出会う。

よって，$90+2=92$（秒後）で，1分32秒後

4 (1)自転車が9時より□分前にA駅を出発したとすると，

$20×\dfrac{□+5}{60}=56×\dfrac{5}{60}$

$□+5=56×5÷20$

$□=14-5=9$

よって，8時51分

(2)列車と自転車は1時間あたり $(56-20)$ km ずつはなれていくから，列車と自転車が6kmはなれるまでにかかる時間は，

$6÷(56-20)=\dfrac{1}{6}$（時間）

よって，A駅からB駅までの道のりは，

$56×\left(\dfrac{5}{60}+\dfrac{1}{6}\right)=14$（km）

(3)(1)より，列車と自転車がすれちがったのは，

9時5分＋17分30秒＝9時22分30秒

(2)より，列車はB駅まで $\dfrac{14}{56}×60=15$（分）かかるから，列車がB駅に着いたのは9時15分。この間の7分30秒の間に自転車が進んだ道のりは，$20×\left(7\dfrac{1}{2}÷60\right)=2.5$（km）

よって，すれちがう地点のB駅からの道のりは，

$6-2.5=3.5$（km）

(4)列車が3.5kmの道のりを走るのにかかる時間は，$3.5÷56×60=3.75$（分）より，3分45秒。

よって，列車は7分30秒の間の3分45秒だけ走っていたから，列車が停車していた時間は，

7分30秒－3分45秒＝3分45秒

20 流水算

標準クラス　　　　p.90〜91

1 (1)毎分32m　(2)毎分144m

2 （例）下流に向かう船の速さは

（静水時の速さ）＋（川の流れの速さ），

上流に向かう船の速さは

（静水時の速さ）－（川の流れの速さ）

だから，2つの船が単位時間あたりに進む道のりの合計はそれらをたした

（静水時の速さ）×2で，

川の流れの速さに関係ないから。

3 分速 150 m

4 (1)8　(2)7　(3)1

5 (1)速さ川の流れと同じ，向き川の流れと同じ

(2)時速 2 km

解き方

1 (1)上りの速さと下りの速さの差は川の流れの速さの 2 倍だから，
　　　毎分(176−112)÷2＝32(m)

(2)毎分 112＋32＝144(m)

> **別解** 上りの速さと下りの速さの和は静水での船の速さの 2 倍だから，
> 毎分(176＋112)÷2＝144(m)

ポイント　流水算
流れのある川で船の速さなどを考える問題を流水算といいます。
川の流れの速さが一定のとき，
上りの速さ＝静水時の速さ−流れの速さ，
下りの速さ＝静水時の速さ＋流れの速さ
が成り立つので，船の上りの速さと下りの速さがわかれば，船の静水時の速さと川の流れの速さは
静水時の速さ＝(上りの速さ＋下りの速さ)÷2，
流れの速さ＝(下りの速さ−上りの速さ)÷2
で求めることができます。

3 下り(帰り)にかかった時間は，
20÷1.6＝12.5(分)
10 km＝10000 m
上りの分速は，
10000÷20＝500(m)
下りの分速は，
10000÷12.5＝800(m)
よって，川の流れの分速は，
(800−500)÷2＝150(m)

4 右のグラフより，
A→Bは上り，B→Aは下りで，それぞれ 2 時間，1.5 時間かかります。

(1)B→Aは 12 km あり，1.5 時間かかるから，下りの時速は，
12÷1.5＝8(km)

(2)この船の上りの時速は，12÷2＝6(km)だから，静水を進む時速は，
(上りの速さ＋下りの速さ)÷2＝(6＋8)÷2
＝7(km)

(3)川の流れの時速は，
下りの速さ − 静水での速さ＝8−7＝1(km)

> **別解** 川の流れの時速は，
> (下りの速さ − 上りの速さ)÷2

＝(8−6)÷2＝1(km)

5 (2)川の流れの時速を□ km とすると，船は，エンジンが故しょうしていないとき時速 12−□(km)で進み，エンジンが故しょうしているとき時速□(km)でもどるから，

$$(12-□)×\left(6-\frac{20}{60}\right)-□×\frac{20}{60}=56$$

$$(12-□)×\frac{17}{3}-□×\frac{1}{3}=56$$

$$68-□×\frac{17}{3}-□×\frac{1}{3}=56$$

12＝□×6　よって，□＝2

ハイクラス　p.92～93

1 (1)8 km　(2)時速 3.5 km，18 分
2 (1)時速 54 km　(2)190　(3)40 km
3 (1)分速 28 m　(2)2 分 48 秒　(3)分速 68 m
4 (1)時速 3 km　(2)18 km　(3)午後 2 時 45 分

解き方

1 (1)川の流れの時速を□ km とすると，あきらさんは時速 6.5＋□(km)，たかしさんは時速 9.5−□(km)で進むから，きょりは，

$$(6.5+□+9.5-□)×\frac{30}{60}=16×\frac{1}{2}=8(km)$$

(2)右の図から，たかしさんの，上る時速は，

$$8÷\frac{80}{60}=6(km)$$

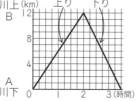

よって，川の流れの時速は，9.5−6＝3.5(km)
あきらさんは時速 6.5＋3.5＝10(km)で 3km を進むから，その移動時間は，
3÷10×60＝18(分)

2 (1)川上に向かうボートPの時速は，

$$64÷\frac{80}{60}=48(km)$$

川下に向かうボートPの時速は，

$$45÷\frac{280-235}{60}=60(km)$$

よって，ボートPの静水時の時速は，
(48＋60)÷2＝54(km)

(2)(1)より，川の流れの時速は，
(60−48)÷2＝6(km)
川上に向かうボートQの時速は，

$$45÷\frac{150}{60}=18(km)$$

川下に向かうボートQの時速は,

18+6+6=30(km)

ボートQでB町からA町へ行くのにかかる時間は, 45÷30×60=90(分)

よって, アにあてはまる数は, 280−90=190

(3)ボートP, Qが2回目に出会ったのを□分として, 出会った地点のA町からのきょりを2通りに表すと,

$$48×\frac{□-150}{60}=45-30×\frac{□-190}{60}$$

$$48×(□-150)=45×60-30×(□-190)$$

$$78×□=15600 \quad □=200$$

よって, ボートP, Qが2回目に出会った地点のA町からのきょりは,

$$48×\frac{200-150}{60}=48×\frac{5}{6}=40(km)$$

3 (1)プールの流れの分速は, ボールが流れる速さと同じだから,

280÷10=28(m)

(2)流れと同じ向きに泳ぐと, A君の速さに, プールの流れる速さが加わるから, 分速は,

72+28=100(m)

よって, 1周にかかる時間は,

280÷100=2.8(分)→2分48秒

(3)A君は流れと同じ向きに泳ぐと, 分速100m, 2分間では100×2=200(m)泳ぎます。

B君は流れと逆向きに泳ぐと, 2分間で, 280−200=80(m)泳ぎます。

プールの流れは分速28mだから, B君が流れのないプールで泳いだときの分速は, プールの流れの分だけ速くなるから,

80÷2+28=68(m)

4 (1)上りの時速は, 18km。

下りの時速は, 上りの時速の$\frac{4}{3}$倍なので,

$$18×\frac{4}{3}=24(km)$$

川の流れの時速は,

(24−18)÷2=3(km)

(2)上りと下りの時速の和が24+18=42(km)より, PとQがはじめてすれちがうまでにかかる時間は,

42÷42=1(時間)

よって, すれちがう地点のB地点からのきょりは, 18×1=18(km)

(3)PとQが3回目にすれちがうのは, それぞれの船が1往復したあとに, はじめてすれちがうところです。

1往復にかかる時間は,

$$42÷18+\frac{20}{60}+42÷24=4\frac{5}{12}(時間)$$

また, 1往復した後, 次に出発するまでにも1回休みをとり, すれちがうまでに1時間かかるので,

$$4\frac{5}{12}+\frac{20}{60}+1=5\frac{3}{4}(時間)→5時間45分$$

したがって, PとQが3回目にすれちがうのは, 午前9時+5時間45分=午後2時45分

21 通過算

1 45秒

2 216m

3 240m

4 20m

5 (1)秒速16m　(2)440m

6 秒速25m

7 毎秒24m

8 152m

📖 解き方

1 トンネルを通りぬける間に進む道のりは,

150+760=910(m)

これを70秒で通りぬけるから, 電車の秒速は,

910÷70=13(m)

この電車が, 435mの橋をわたり終えるのにかかる時間は,

(150+435)÷13=45(秒)

> **ポイント** **通過算(橋・トンネルの通過)**
> 電車などの長さのあるものが動くときの速さに関する問題を通過算といいます。
> 電車が橋を通過している間に, 電車の最後尾は, (橋+電車)の長さだけ進みます。
> 電車がトンネルに完全にはいっている間に, 電車の最後尾は, (トンネル−電車)の長さだけ進みます。

2 $$2+\frac{12}{60}=2\frac{1}{5}(分)$$

列車の分速は,

$$2376÷2\frac{1}{5}$$

$$=2376×\frac{5}{11}=1080(m)$$

列車の長さは，電柱のそばを通り過ぎる間に列車が進む道のりに等しいから，$1080 × \frac{12}{60} = 216$（m）

ポイント 通過算（電柱のそばの通過）
電車が電柱のそばを通過している間に，電車の最後尾は電車の長さだけ進みます。

3 電柱を通過する5秒間に，電車が進む道のりは，電車の長さに等しいので，電車の秒速は，
$150 ÷ 5 = 30$（m）
よって，13秒で進む道のりは，
$30 × 13 = 390$（m）
これは，電車と鉄橋の長さの合計と同じです。
よって，鉄橋の長さは，$390 - 150 = 240$（m）

4 時速90kmの特急電車の秒速は，
$90000 ÷ 60 ÷ 60 = 25$（m）
よって，24秒で進む道のりは，
$25 × 24 = 600$（m）
時速72kmの急行列車の秒速は，
$72000 ÷ 60 ÷ 60 = 20$（m）
よって，29秒で進む道のりは，
$20 × 29 = 580$（m）
同じ鉄橋をわたる間に，進んだ道のりがちがうのは，列車の長さのちがうのが原因だから，長さのちがいは，
$600 - 580 = 20$（m）

5 (1)列車Bが列車Aと同じ速さで走ると，トンネルも半分の時間，$90 ÷ 2 = 45$（秒）で通過する。
しかし，列車Aは40秒しかかかっていない。
その差は列車の長さによるものだから，列車Aの秒速は，
$(280 - 200) ÷ (45 - 40) = 16$（m）
(2)トンネルの長さは，
$16 × 40 - 200 = 440$（m）

6 追いこしている間に進む道のりの差が，列車Aと列車Bの長さの合計で，
$125 + 150 = 275$（m）
この長さを55秒で走るので，その秒速は，
$275 ÷ 55 = 5$（m）
これが，列車Aと列車Bの速さの差です。
よって，列車Bの秒速は，
$20 + 5 = 25$（m）

ポイント 通過算（すれちがいと追いぬき）
2つの電車がすれちがう問題は，電車の最後尾の出会い算で解きます。
電車Aが電車Bを追いぬく問題は，電車Aの最後尾と電車Bの先頭の追いつき算で解きます。

7 電車の長さを□mとすると，鉄橋で$(750 + □)$m進むのに，35秒かかります。
また，トンネルで$(1050 - □)$m進むのに，40秒かかります。
したがって，この電車は，鉄橋の長さ＋トンネルの長さを，$35 + 40 = 75$（秒）で進んでいるから，秒速は，$(750 + 1050) ÷ 75 = 24$（m）

8 特急電車の秒速は，
$81000 ÷ 60 ÷ 60 = 22.5$（m）
快速電車の秒速は，
$63000 ÷ 60 ÷ 60 = 17.5$（m）
2つの電車が7秒間に進む道のりの和は，
$(22.5 + 17.5) × 7 = 280$（m）より，快速電車の長さは，$280 - 128 = 152$（m）

▶ **ハイクラス** p.96〜97

1 (1)8秒　(2)時速63km
2 (1)秒速20m　(2)200m　(3)250m
3 (1)1200m　(2)650m　(3)100m
4 (1)1.5倍　(2)80cm　(3)31両編成

📖 **解き方**

1 (1)Aさんの秒速は，
$90 ÷ 60 = 1.5$（m）
列車の秒速は，
$59400 ÷ 60 ÷ 60 = 16.5$（m）
よって，通り過ぎる時間は，
$144 ÷ (16.5 + 1.5) = 8$（秒）
(2)列車は，秒速1.5mのAさんより，
$144 ÷ 9 = 16$（m）速く進むので，
その列車の秒速は，$1.5 + 16 = 17.5$（m）
よって，時速は，
$17.5 × 60 × 60 = 63000$（m）→ 63km

2 (1)人の前を通り過ぎる時間は，列車の長さ分を進む時間で，10秒。
トンネルと列車の長さを合わせた道のりを進んだ時間は，60秒。
したがって，トンネルの長さの1000mを進む時間は，$60 - 10 = 50$（秒）
よって，列車の秒速は，
$1000 ÷ 50 = 20$（m）
(2)列車の長さだけ走るのに，秒速20mで10秒かかるので，
$20 × 10 = 200$（m）
(3)急行列車の秒速は，
$108000 ÷ 60 ÷ 60 = 30$（m）

39

急行列車の長さを□ m とすると，

$(□+200)÷(30+20)=9$

$□=(30+20)×9-200=250$

3 (1)列車の秒速は，

$90000÷60÷60=25(m)$

トンネルにかくれていたのは 48 秒。

よって，進んだ速さは，$25×48=1200(m)$

(2)トンネルに完全にはいっている間に，トンネルの長さより列車の長さだけ短い道のりを進みます。

鉄橋をわたり始めてからわたり終えるまでの間に，鉄橋の長さより列車の長さだけ長い道のりを進みます。

よって，これらの長さを合わせると，トンネルと鉄橋の長さの和になります。

かかる時間は，$48+30=78(秒)$

よって，その長さは，

$25×78=1950(m)$

ここで，トンネルの長さは，鉄橋の 2 倍だから，鉄橋の長さは，

$1950÷3=650(m)$

(3)鉄橋の長さより列車の長さだけ長い道のりを進むと，30 秒で，$25×30=750(m)$進む。

鉄橋の長さが 650 m なので，列車の長さは，

$750-650=100(m)$

4 (1)普通列車と貨物列車の長さの和を 1 とすると，

普通列車の秒速＋貨物列車の秒速＝$\dfrac{1}{14}$

普通列車の秒速－貨物列車の秒速＝$\dfrac{1}{70}$ より，

普通列車の秒速＝$\left(\dfrac{1}{14}+\dfrac{1}{70}\right)÷2=\dfrac{3}{70}$

貨物列車の秒速＝$\left(\dfrac{1}{14}-\dfrac{1}{70}\right)÷2=\dfrac{2}{70}$

よって，普通列車の速さは貨物列車の速さの，

$\dfrac{3}{70}÷\dfrac{2}{70}=1.5(倍)$

(2)車両間の連結部分の長さを□ m とすると，

11 両編成の列車の長さは，

$20×11+□×10=□×10+220$

16 両編成の列車の長さは，

$20×16+□×15=□×15+320$

よって，$\dfrac{(□×10+220)+(□×15+320)}{70}$，

$\dfrac{(□×10+220)×2}{57}$ がいずれも，

普通列車の秒速－貨物列車の秒速に等しいから，

$\dfrac{□×25+540}{70}=\dfrac{□×20+440}{57}$

$(□×25+540)×57=(□×20+440)×70$

$□×25=20$

よって，$□=0.8$ より，80 cm

(3)普通列車の秒速 ＋ 貨物列車の秒速

$=(540+0.8×25)÷14=40(m)$

普通列車の秒速 － 貨物列車の秒速

$=(540+0.8×25)÷70=8(m)$

普通列車は秒速 24 m，貨物列車は秒速 16 m

普通列車が 1500 m の鉄橋をわたり終えるまでにかかる時間は，

$(1500+220+0.8×10)÷24=72(秒)$

よって，貨物列車が鉄橋をわたり終えるまでにかかる時間は $72+62=134(秒)$だから，

貨物列車を△両編成とすると，

$\{1500+20×△+0.8×(△-1)\}÷16=134$

$1500+△×20.8-0.8=134×16$

$△×20.8=644.8$

よって，$△=31$

22 時計算

1 $178°$

2 5 時 $27\dfrac{3}{11}$ 分

3 2 時 $43\dfrac{7}{11}$ 分

4 5 時 $10\dfrac{10}{11}$ 分，5 時 $43\dfrac{7}{11}$ 分

5 36 分間

6 3 時 36 分

7 2 時 38 分，2 時 $49\dfrac{3}{11}$ 分

8 4 時 $36\dfrac{12}{13}$ 分

解き方

1 9 時のとき，長針と短針がつくる角度は $270°$。

1 分で，この角度は，$(6-0.5)°$ ずつ小さくなります。

16 分では，$(6-0.5)°×16=88°$ 小さくなります。

$270°-88°=182°$

これは $180°$ をこえるから，小さい角は，もう一方の角になります。

$360°-182°=178°$

> **ポイント** 時計算
> 時計の長針と短針がつくる角度に関する問題を時計算といいます。時計算は，長針と短針の旅人算と考えて解くことができます。
> 長針は，1時間＝60分に360°動くので，1分では360°÷60＝6°動きます。
> 短針は，1時間＝60分に360°÷12＝30°動くので，1分では30°÷60＝0.5°動きます。

2 午後5時のとき，長針と短針がつくる角度は，150°
長針と短針が重なるのは，この角が0°になるときで，1分で(6－0.5)°ずつ小さくなるから，重なるのは，

$150\div(6-0.5)=150\div\frac{11}{2}$

$=27\frac{3}{11}$(分後)

よって，5時$27\frac{3}{11}$分

3 2時から3時までの間に，長針と短針が反対方向に一直線になるのは，長針が短針を追いこして，2つの針の角度が180°になるときです。
2時では長針と短針の間の角は60°だから，長針と短針がつくる角度は(60°＋180°)だけ変化します。

$(60+180)\div(6-0.5)=240\div\frac{11}{2}$

$=43\frac{7}{11}$(分後)

よって，求める時こくは，2時$43\frac{7}{11}$分

4 5時のとき，長針と短針がつくる角度は150°だから，長針と短針のつくる角度が直角になるのは，

$(150-90)\div(6-0.5)=60\div\frac{11}{2}=10\frac{10}{11}$(分後)

より，5時$10\frac{10}{11}$分，

$(150+90)\div\frac{11}{2}=240\div\frac{11}{2}=43\frac{7}{11}$(分後)より，5時$43\frac{7}{11}$分

5 99÷(6－0.5)＝18だから，12時から12時18分までが99°以下です。また，ちょうど反対になる11時42分から12時までも99°以下になるので，
18×2＝36(分間)

6 短針と長針がつくる角度は，3時のときに90°なので，108°になるには1度針が重なってから広がることになります。
それは3時から，

$(90+108)\div(6-0.5)=198\div\frac{11}{2}=36$(分後)

より，3時36分

7 短針と長針がつくる角度は，2時のときに60°なので，149°になるのは，

$(60+149)\div(6-0.5)=209\div\frac{11}{2}$

$=38$(分後)

より，2時38分
また，360°－149°＝211°になるとき，反対側が149°になっています。それは，

$(60+211)\div(6-0.5)=271\div\frac{11}{2}$

$=49\frac{3}{11}$(分後)

より，2時$49\frac{3}{11}$分

8 4時ちょうどから長針が動いた角度を㋐，短針が動いた角度を㋑とすると，長針が6時の目もりとつくる角は㋐－180°，短針が6時の目もりとつくる角は60°－㋑です。
求める時こくを4時□分とすると，㋐＝6°×□，㋑＝0.5°×□だから，
6°×□－180°＝60°－0.5°×□
6.5°×□＝240°

$□=\frac{480}{13}=36\frac{12}{13}$

よって，求める時こくは，4時$36\frac{12}{13}$分

ハイクラス

p.100～101

1 ア 360　イ 36　ウ 60　エ 0.6　オ 6
カ 5.4　キ 108　ク 20

2 12時$10\frac{10}{143}$分

3 (1)5回
(2)午後2時$10\frac{10}{11}$分
(3)16時間$21\frac{9}{11}$分

4 2時6分

5 24

解き方

1 10時までしかない時計なので，短針は1時間では，360°÷10＝36°進みます。
よって，1分間では，36°÷60＝0.6°進みます。

長針はふつうの時計と同じように，1 分間に 6°進みます。
よって，短針と長針が 1 分間でちぢまる角度は
6°−0.6°＝5.4°
3 時では，短針と長針は 108° はなれているので，針(はり)が重なるのは，
108°÷5.4°＝20(分後)

[2] 短針と長針のつくる角度は同じだから，その角度を□とします。
散歩の間に，短針は□度進み，長針は(720−□)度進みます。
短針は 1 分間に 0.5°，長針は 6° 進むので，散歩にかかった時間(分)から，
□÷0.5＝(720−□)÷6
12×□＝720−□
$□=\frac{720}{13}$
正午からこの短針と長針の角度の差ができるのにかかる時間は，
$\frac{720}{13}\div(6-0.5)=\frac{720}{13}\div\frac{11}{2}=\frac{1440}{143}$
$=10\frac{10}{143}$(分)
よって，散歩に行く前に時計を見た時こくは，
12 時 $10\frac{10}{143}$ 分

[3] (1)0 時から 6 時までは，60×6＝360(分)
短針と長針が 1 度重なって，もう 1 度重なるまでの時間は，
$360\div(6-0.5)=65\frac{5}{11}$(分)
$360\div65\frac{5}{11}=360\times\frac{11}{720}=\frac{11}{2}=5.5$(回)
よって，求める回数は，5 回。
(2)2 回目に重なるのは，0 時から考えると 3 回目となり，長針は 2 周します。
$65\frac{5}{11}\times2=\frac{720\times2}{11}=\frac{1440}{11}=130\frac{10}{11}$(分)
なので，求める時こくは，午後 2 時 $10\frac{10}{11}$ 分
(3)午後 1 時から午後 6 時までに重なる時こくは，
1 時 $5\frac{5}{11}$ 分，2 時 $10\frac{10}{11}$ 分，
3 時 $16\frac{4}{11}$ 分，4 時 $21\frac{9}{11}$ 分，
5 時 $27\frac{3}{11}$ 分の 5 回。
これらの時こくを，時間に直してたします。
1＋2＋3＋4＋5＝15(時間)
5＋10＋16＋21＋27＝79(分)
$\frac{5}{11}+\frac{10}{11}+\frac{4}{11}+\frac{9}{11}+\frac{3}{11}=2\frac{9}{11}$(分)
より，15 時間 $81\frac{9}{11}$ 分＝16 時間 $21\frac{9}{11}$ 分

[4] 2 時□分の短針と，それから 4.5 分後の長針が同じ位置にくるとすると，
60＋0.5×□＝6×(□＋4.5)
(6−0.5)×□＝60−6×4.5
5.5×□＝33
□＝6
よって，求める時こくは，2 時 6 分

[5] 短針は，2 時と 3 時の間にあるので，短針と長針は右の図のようになります。

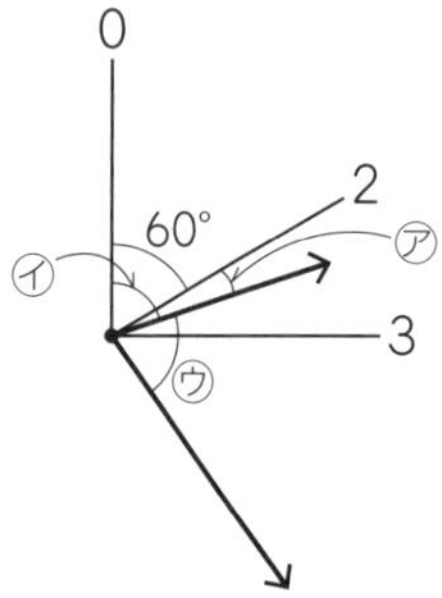

㋑＝㋒であり，㋐は，2 時から短針が動いた角です。
図から，
(60°＋㋐)×2＝㋑＋㋒
120°＋㋐×2＝㋑＋㋒
このことより，長針は，短針の 2 倍の角度より 120° 多く動いているので，
120÷(6−0.5×2)＝120÷5＝24(分後)
よって，2 時 24 分

チャレンジテスト⑦

p.102〜103

[1] (1)9 時 23 分 54 秒
(2)1950
(3)9 時 22 分 10 秒
[2] 10 分 30 秒後
[3] 3 時間後
[4] (1)春子 分速 150 m，夏子 分速 120 m
(2)405
(3)6

解き方

[1] (1)駅から水族館までかかる時間は，
バスの分速が 24000÷60＝400(m)だから，
4200÷400＝10.5(分)
水族館から駅までかかる時間は，
バスの分速が 30000÷60＝500(m)だから，
4200÷500＝8.4(分)
駅と水族館を往復(おうふく)するのにかかる時間は，停車(ていしゃ)時間をふくめると，

$10.5+5+8.4=23.9$(分)→23分54秒
よって，求める時こくは，9時23分54秒

(2) 9時20分にバスが駅から何mのところにいるかを求めます。
往復で23.9分なので，$23.9-20=3.9$(分)
帰りは分速500mだから，
$500\times3.9=1950$(m)

(3) (2)より，1950mはなれた2台のバスが出会うのは，9時20分から何分後かということを求めます。
2台のバスは，1分間に$500+400=900$(m)ずつ近づくから，
$1950\div900=2\frac{1}{6}$(分)→2分10秒
9時20分から，2分10秒後だから，
9時22分10秒。

(2) AがCを追いこしたということは，AはCより1周分(420m)多く歩いたということになります。それに，4分40秒かかったのだから，AとCの分速のちがいは，
$420\div4\frac{40}{60}=90$(m)
同じようにように考えると，AとBの分速のちがいは，$420\div8\frac{24}{60}=50$(m)
したがって，BとCの分速のちがいは，
$90-50=40$(m)
BがCを追いこすには，1周420mをこのちがいでちぢめていくのだから，かかる時間は，
$420\div40=\frac{21}{2}=10\frac{1}{2}$(分)→10分30秒

(3) 船Qは，36kmの川を4時間30分かかって上っていたから，Qの上りの時速は，
$36\div\frac{9}{2}=8$(km)
船Pと船Qは，36kmはなれた町を同時に出発して，1時間48分後に出会ったのだから，船Pの下りの時速を□kmとすると，
1時間48分$=1\frac{4}{5}$時間より，
$36\div(□+8)=1\frac{4}{5}$
$□+8=36\div1\frac{4}{5}=20$
$□=20-8=12$(km)
よって，船PがB町にとう着するのは，
$36\div12=3$(時間後)

(4) グラフに表された2人の位置関係は，次のようになります。

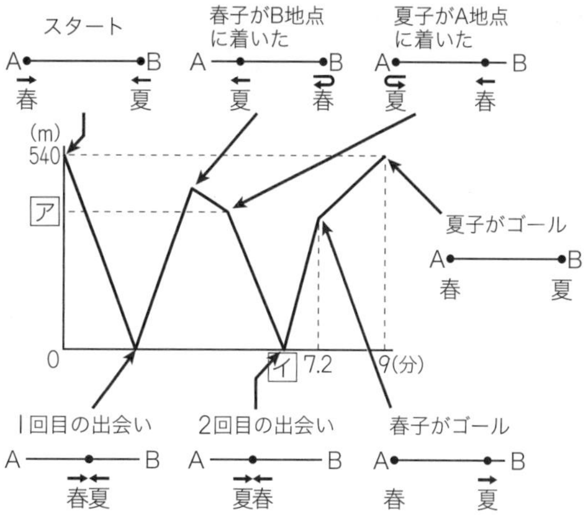

上の図から，次のことがわかります。
A地点とB地点のきょりは540m。
春子さんは7.2分で往復(おうふく)しました。
夏子さんは9分で往復しました。

(1) 春子さんの分速は，
$540\times2\div7.2=150$(m)
夏子さんの分速は，
$540\times2\div9=120$(m)

(2) [ア]は，夏子さんがA地点に着いたときの2人のきょりを表します。
これは，$540\div120=4.5$(分)より，出発してから，4.5分後。
このとき，春子さんは，$540\div150=3.6$(分)でB地点を折り返して$4.5-3.6=0.9$(分)経(た)っているから，B地点から
$150\times0.9=135$(m)のところにいます。
よって，このときの2人のきょりは，
$540-135=405$(m)
[ア]は405。

(3) [イ]は2人が2回目に出会うまでの時間を表しています。
2人が2回目に出会うまで，下の図のように動きます。

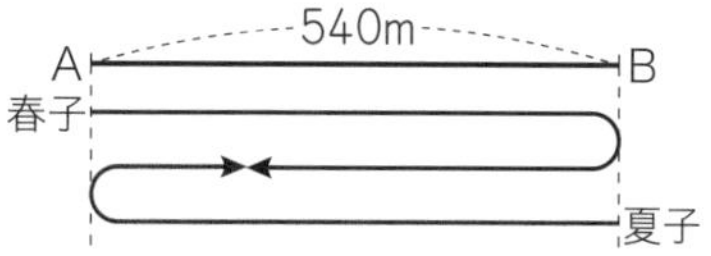

したがって，2回目に2人が出会ったとき，2人が走ったきょりは，あわせて，
$540\times3=1620$(m)
このきょりを，2人の分速の合計でちぢめていくので，$1620\div(150+120)=6$(分)
[イ]は6。

チャレンジテスト⑧　p.104〜105

1 (1) $50\dfrac{10}{13}$ 分後

(2) $36\dfrac{12}{13}$ 分後

2 (1) 上り 180 m，下り 220 m

(2) $8\dfrac{2}{3}$ 秒後

3 分速 225 m

4 (1) 分速 24 m

(2) 11 時 30 分

(3) 分速 360 m

─────────── 📖 解き方 ───────────

1 (1) 長針は左回り，短針は右回りなので，重なる
方向へ動くとき，長針と短針でできる角度は，
$360°-30°=330°$
長針は 1 分間に，$360°÷60=6°$ 進みます。
短針は 1 分間に，$30°÷60=0.5°$ 進みます。
長針と短針は，$330°$ の角を，1 分間に
$(6+0.5)°$ ずつちぢめていきます。
よって，その時間は，
$330÷(6+0.5)=330÷\dfrac{13}{2}=\dfrac{660}{13}$

$=50\dfrac{10}{13}$（分後）

(2) 長針と短針でできる角度は，
$360°-60°=300°$
これが，$60°$ になるとき，長針と短針は，$300°$
$-60°=240°$ の角を，1 分間に
$(6+0.5)°$ ずつちぢめていきます。
よって，その時間は，
$240÷(6+0.5)=240÷\dfrac{13}{2}=\dfrac{480}{13}$
$=36\dfrac{12}{13}$（分後）

2 (1) 上り電車の秒速は，
$72000÷60÷60=20$（m）
これが，A地点を 9 秒で通過するので，この通
過するときに進んだ道のりが，上り電車の長さ
になります。
よって，$20×9=180$（m）
また，下りの電車の秒速は，
$108000÷60÷60=30$（m）
上り電車と下り電車がすれちがうのに 8 秒間
かかるから，下り電車の長さを□ m とすると，
$(180+□)÷(20+30)=8$

$(180+□)÷50=8$
$180+□=400$
$□=400-180=220$

(2) 秒速 30 m，長さ 220 m の下り電車がA地点
を通過する時間は，
$220÷30=7\dfrac{1}{3}$（秒）

A地点の前を上り電車と下り電車が通過する
時間はあわせて 16 秒だから，下り電車がA地
点にさしかかったのは，上り電車の，
$16-7\dfrac{1}{3}=8\dfrac{2}{3}$（秒後）

3 1 秒間に生徒が歩く道のりを□ m，先生が走る道
のりを○ m とします。
先生が列の先頭から一番後ろまで走るのに 20 秒
かかるから，
$100-□×20=○×20$
先生が列の一番後ろから先頭まで走るのに 40 秒
かかるから，
$100+□×40=○×40$
2 式の差をとると，$□×60=○×20$ より，
$○=□×3$
$100-□×20=□×60$ より，$□=\dfrac{5}{4}$
先生が 1 分間に走る道のりは，
$○×60=□×3×60=\dfrac{5}{4}×180=225$（m）

よって，先生の走る速さは，分速 225 m

4 (1) グラフが右下がりになっているところが川に
流されたところであり，これが川の流れを表
しています。
故しょうしたのは，9 時 50 分です。
40 分間故しょうしていたので，直ったのは，
9 時 50 分 ＋40 分で，10 時 30 分
グラフから，エンジンが直ってから，この船
は 10 時 30 分から 10 時 50 分までの 20 分
間に，$5760-3840=1920$（m）進んでいます。
したがって，この船の上りの分速は，
$1920÷20=96$（m）
よって，この船は，分速 96 m で 9 時から 9
時 50 分まで，川を上っているから，そのきょ
りは，$96×50=4800$（m）
つまり，エンジンが故しょうしたとき，船は，
A町から 4800 m のところにいたことになり
ます。
そこで，故しょうして，40 分間で，3840 m の
ところまで流されたのだから，川の流れの分
速は，$(4800-3840)÷40=24$（m）

44

(2)この船の静水時の分速は，96＋24＝120（m）
　　下りの分速は，120＋24＝144（m）
　　したがって，この船がB町からA町まで下る
　　時間は，5760÷144＝40（分）
　　B町を出るのが，10時50分なので，A町に
　　着くのは，11時30分
(3)60分間エンジンが故しょうした時に，流され
　　るきょりは，24×60＝1440（m）
　　したがって，B町まで上るきょりは，
　　5760＋1440＝7200（m）
　　分速96mで上るので，
　　7200÷96＝75（分）
　　60分間故しょうすると，船が9時にA町を出
　　てB町に着くまで75分間エンジンを動かさな
　　ければならないから，着く時こくは，9時の
　　135分後で，11時15分。
　　(2)と同じ時こく（11時30分）にA町にもどる
　　には，15分で川を下らなければならないので，
　　下りの分速は，5760÷15＝384（m）
　　よって，この船の静水時の分速は，
　　384－24＝360（m）

23 合同な図形

標準クラス　　　　　　　　　p.106〜107

1 アとカ，イとエ，ウとオ

2
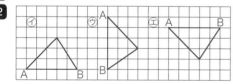

3 合同といえる
理由…（例）4つの辺の長さと4つの角の大き
さがそれぞれ等しいから。

4 ア，オ

5 EF

6 ㋐BCP　㋑ECP　㋒EC　㋓正三角形

7
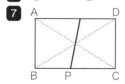

📖 **解き方**

1 対応する辺や角の大きさを考えて合同な三角形の
組み合わせを考えます。
イの三角形は，辺の長さが1か所しか書かれて

いませんが，2つの角度が等しいので直角二等辺
三角形です。
よって，合同な三角形はエの三角形となります。

┌─────────────────────────┐
│👉ポイント　合同な三角形の決定条件　　　　│
│①3辺の長さがそれぞれ等しい。　　　　　　│
│②2辺の長さとその間の角がそれぞれ等しい。│
│③1辺の長さとその両はしの角がそれぞれ等しい。│
└─────────────────────────┘

2 合同な図形をかく場合，いろいろと向きを変えて
も，辺の長さや角度は変わらないことを使います。

3 四角形ABCDと四角形FEHGのそれぞれの辺の
長さや角を対応させて考えます。
また，一方をうら返しにしてぴったり重ね合わせ
ることのできる図形も，合同であるといえます。

4 四角形の場合，辺の長さが決まっていても，角の
大きさが決まらなければ，形は決めることができ
ません。
また，三角形において，3つの角度が決まってい
ても辺の長さが決まらなければ，大きさのちがう
三角形ができます。

5 長方形ABCDを対角線BDで折ると，三角形
DABと三角形BEDは合同です。
共通の三角形BFDをひいて，残る三角形ABFと
三角形EDFは合同であるから，AFと等しいのは
EFです。

6 三角形ECPは折る前に三角形BCPの位置にあっ
た部分だから，三角形BCPと三角形ECPは合
同になります。

7 対角線の交わっている点とPを結ぶ直線をひき
ます。

ハイクラス　　　　　　　　　p.108〜109

1 ア，ウ，エ

2 三角形EAD，三角形CDA

3 （例）AD＝3cmに注意すると，AE＜3cm，
DE＜3cm，CD＝2cmより，図の中にある
三角形ABE，BCE，CDEには長さが3cm
の辺がちょうど1本，2本，0本あるから，
3つの三角形はどれも合同ではありません。

4 15個

5
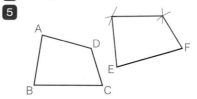

6 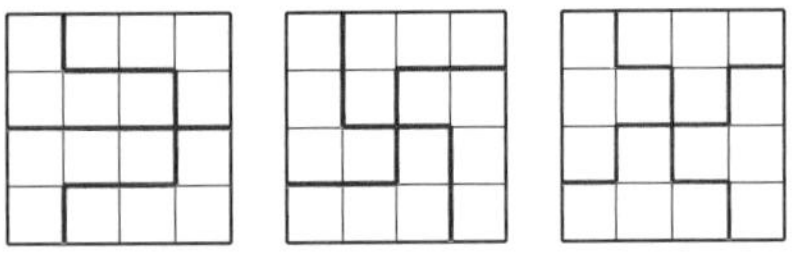

7 (1)(例)

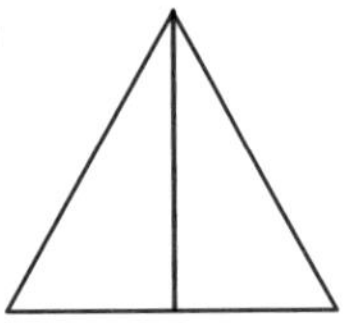

(2)

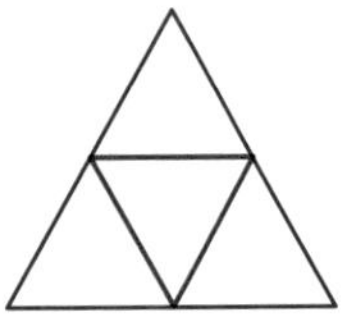

(3)

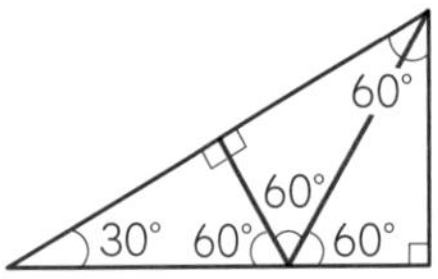

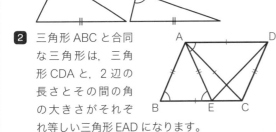

解き方

1 イが成り立つ場合でも，次の図のように合同にならないことがあります。

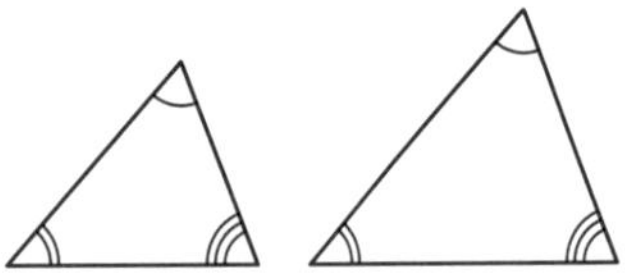

オが成り立つ場合でも，次の図のように合同にならないことがあります。

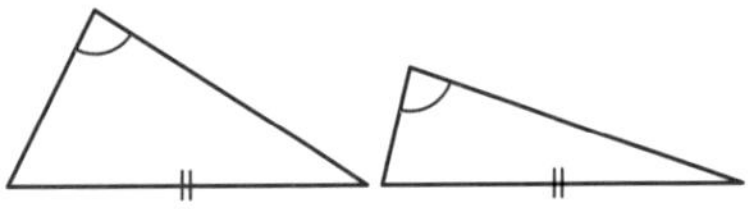

2 三角形 ABC と合同な三角形は，三角形 CDA と，2 辺の長さとその間の角の大きさがそれぞれ等しい三角形 EAD になります。

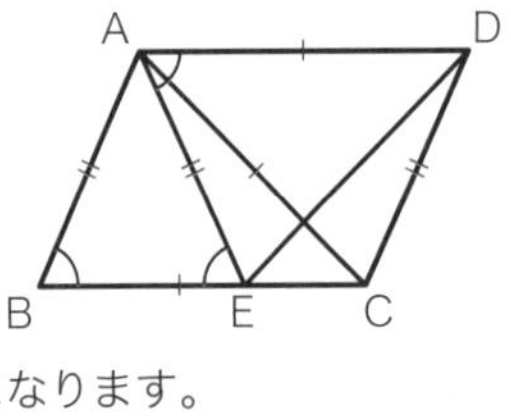

4 右の図のように，15 個あります。

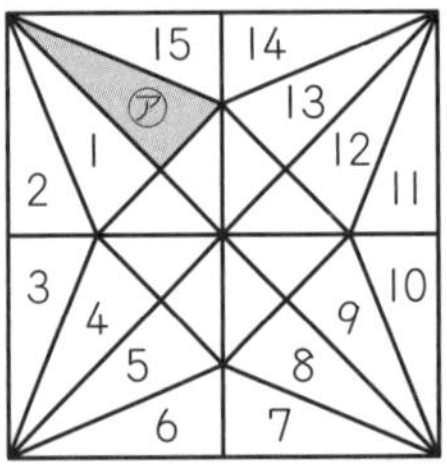

5 合同な三角形をかく手順を 2 回行います。E を中心に半径 AB の円をかき，F を中心に半径 AC の円をかくと，交わった点が A に対応(たいおう)する頂点(ちょうてん)になります。その頂点を中心に半径 AD の円をかき，F を中心に半径 CD の円をかくと，交わった点が D に対応する頂点になります。

7 合同な図形に分けるには，同じ長さの辺，同じ大きさの角をつくって対応させることを考えます。

24 円と多角形

標準クラス

p.110～111

1 (1)A 18 cm，B 12 cm，C 6 cm

(2)A 56.52 cm，B 37.68 cm，
C 18.84 cm

(3)□×2×3.14＝△

(4)2 倍，3 倍

2 (1)エ (2)イ

3 39.4 cm

4 62.8 cm

5 (1)3 つ (2)6 つ

(3)(例)円周を等分する点の個数(こすう)が 3 の倍数でなければ，3 本の長さの等しい辺をつくることができないから。

解き方

1 (2)円周 ＝ 直径 ×3.14 にあてはめて計算します。

(4)(2)から，半径を 2 倍，3 倍にすると，それぞれ円周は，C の 18.84 cm から 37.68 cm，56.52 cm に変化します。
よって，半径を 2 倍，3 倍にすると，円周の長さもそれにともなって 2 倍，3 倍になります。

2 (1)正多角形の 1 つの頂点(ちょうてん)からひける対角線の数は，(辺の数－3)本だから，1 つの頂点からひける対角線によって，(辺の数－2)個の三角形ができます。

(2)辺の数－3 は，1 つの頂点からひける対角線の数で，(辺の数－3)× 辺の数 は，すべての頂点からひいた対角線の数です。
しかし，この式は 1 本の対角線を 2 度数えている(対角線の両はしから数えている)ので，2 でわると対角線の数になります。

3 おうぎ形A，B，C，D の曲線部分の長さと D の半径をたします。

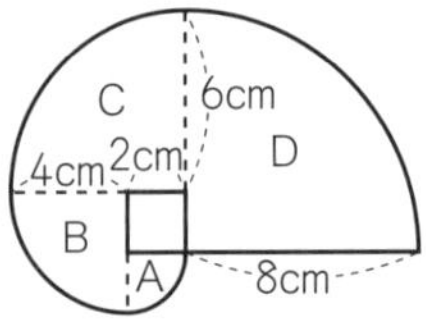

2×2×3.14÷4
＋4×2×3.14÷4
＋6×2×3.14÷4＋8×2×3.14÷4＋8
＝(1＋2＋3＋4)×3.14＋8＝10×3.14＋8

$=31.4+8=39.4$(cm)

4 $(20\times3.14+10\times3.14+6\times3.14+4\times3.14)\div2$
$=(20+10+6+4)\times3.14\div2$
$=40\times3.14\div2=62.8$(cm)

5 (1)右の図のような直角二等辺三角形 ACE，AEG，ACG ができます。
(2)三角形 ABC，ABH，AGH，ACF，ADF，ADG の 6 つ。

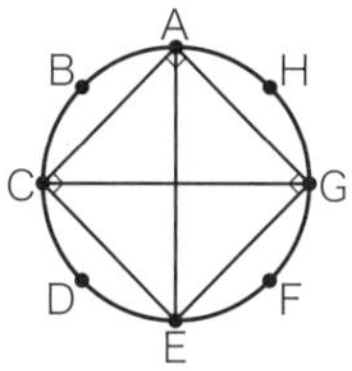

ハイクラス

p.112～113

1 (1)66.8 cm (2)25.7 cm
2 (1)5 回 (2)7 回 (3)ウ
3 (1)10.048 cm (2)頂点(ちょうてん) 3 A，頂点 4 C
(3)28 回
4 20.56 cm

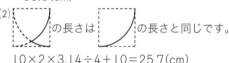

解き方

1 (1)$8\times3.14+6\times3.14+4\times3.14+2\times3.14+4$
$=(8+6+4+2)\times3.14+4=20\times3.14+4$
$=66.8$(cm)

(2)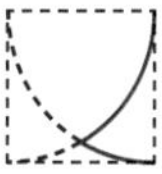の長さは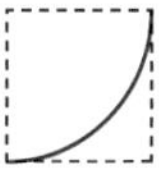の長さと同じです。
$10\times2\times3.14\div4+10=25.7$(cm)

2 (1)点 P，Q，R はそれぞれ次のように動きます。
P 1→2→3→4→5→6→1
Q 1→3→5→1→3→5→1
R 1→4→1→4→1→4→1
最初の 6 秒間だけを見ると，正三角形ができるのは，2 秒後と 4 秒後になり，6 秒後には P，Q，R とも点 1 にもどります。
これをもとに，正三角形ができるのは 2 秒後，4 秒後，8 秒後，10 秒後，14 秒後の 5 回になります。
(2)三角形ができないのは，P，Q，R の中で少なくとも 2 つの点が同じ位置にあるときです。
それは，0 秒後，3 秒後，6 秒後，9 秒後，12 秒後，15 秒後，18 秒後の 7 回あります。
(3)6 秒ごとに最初の位置にもどるので，6 でわった余(あま)りに着目してみると，
$100\div6=16$ 余り 4
つまり，4 秒後の図形と同じになります。
このときは，点 P は 5 に，点 Q は 3 に，点 R は 1 の位置にあるので，正三角形ができます。

3 (1)右の図のように，A は，B を中心に，中心角
$360°-(108°+60°)$
$=192°$ だけ回転します。
よって，A が動くのは，
$3\times2\times3.14\times\frac{192}{360}$
$=10.048$(cm)

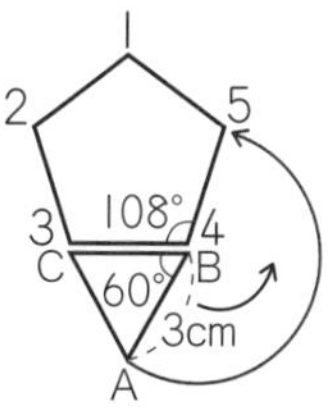

ポイント 円周の一部分（おうぎ形の曲線部分）の長さ

円周の一部分の長さを求めるときは，円周のどれだけの割(わり)合(あい)にあたるかを考えます。
円の中心角は 360° なので，
$\frac{中心角}{360}$ がその割合にあたります。
したがって，円周の一部分の長さは，
円周の長さ $\times\frac{中心角}{360}$ で求められます。

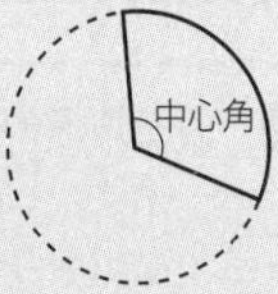

(2)三角形は，3 回転ごとに同じ状態(じょうたい)にもどるから，5 回転したときは，スタート時の 1 つ前と同じということになります。
よって，頂点 3 に A，頂点 4 に C の頂点がきます。
(3)最初に 2 に A がくるのは，13 回転したときだから，次に 2 に A がくるのは，3 と 5 の最小公倍数より，15 回転したときです。
よって，$13+15=28$(回転)したときです。

4 下の図で，
$5\times2\times3.14\div4+1\times2\times3.14\div4\times3+4\times2$
$=(2.5+1.5)\times3.14+8$
$=20.56$(cm)

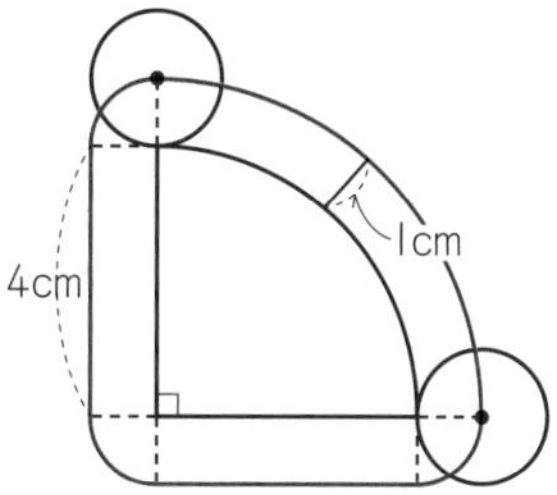

25 図形の角

標準クラス

p.114～115

1 (1)64° (2)42° (3)127° (4)50°
2 (1)112° (2)28° (3)68° (4)30°
3 (1)63°
(2)36°
(3)㋐ 30° ㋑ 120°

(4)㋐ 144°　㋑ 18°

[4] (例)点 O と C を結ぶと，半径は等しいから，三角形 OAC，三角形 OBC は二等辺三角形です。

角 BOC＝180°－48°×2＝84°

角 OAC＝{180°－(82°＋84°)}÷2

　　＝14°÷2＝7°

よって，角㋐＝82°＋7°＝89°

[5] (1)141°　(2)㋐ 100°　㋑ 125°

解き方

[1] (1)**三角形の内角の和は 180°** であることを利用します。

180°－(71°＋45°)＝64°

(2)**二等辺三角形は，底辺の両はしの角が等しい**ことを利用します。

180°－69°×2＝42°

(3)**三角形の外角(外側の角)は，それととなり合わない 2 つの内角の和**になることを利用します。

75°＋52°＝127°

(4)180°－(60°＋65°)＝55° だから，

角㋐＝180°－(75°＋55°)＝50°

[2] (1)**四角形の内角の和は 360°** になることを利用します。

360°－(101°＋79°＋68°)＝112°

(2)ひし形は対角線によって，形も大きさも同じ 4 つの直角三角形に分けられます。

180°－90°－62°＝28°

(3)**平行四辺形は，向かい合う角が同じ大きさ**であることを利用します。

180°－53°－59°＝68°

(4)360°－(80°＋110°＋90°＋50°)＝30°

[3] (1)五角形の内角の和は，180°×(5－2)＝540°

540°－(99°＋108°＋112°＋104°)＝117°

角㋐＝180°－117°＝63°

(2)真ん中の正五角形の内角の和は 540° で，1 つの内角の大きさは 540÷5＝108° です。

五角形のまわりの三角形はすべて二等辺三角形なので，

角㋐＝180°－(180°－108°)×2＝36°

[別解]　角㋐を底辺の両はしの角の 1 つとする二等辺三角形を考えると，

角㋐＝(180°－108°)÷2＝36°

(3)正六角形の内角の大きさは，

180°×(6－2)÷6

＝120°

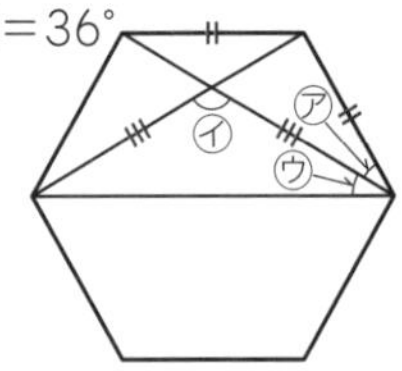

角㋐は頂角(ちょうかく)(底辺に向かい合う角)が 120° の二等辺三角形の底角(底辺のはしの角)だから，

角㋐＝(180°－120°)÷2＝30°

また，図で，角㋐＋角㋒＝120°÷2＝60° より，角㋒＝60°－角㋐＝30°

よって，角㋑は底角が 30° の二等辺三角形の頂角だから，角㋑＝180°－30°×2＝120°

(4)正十角形の内角の和は

180°×(10－2)＝1440°

だから，

角㋐＝1440°÷10＝144°

右の図のように円の中心と頂点を結ぶと，

角㋒＝360°÷10＝36°

よって，角㋑＝36°÷2＝18°

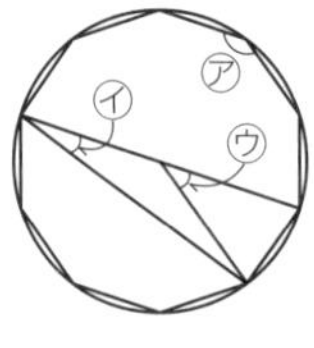

[5] (1)下の図で，三角形の内角と外角の関係を利用して考えていくと，角㋑＝30° だから，

角㋒＝30°＋54°＝84°

角㋓＝84°－45°＝39°

角㋐＝180°－39°＝141°

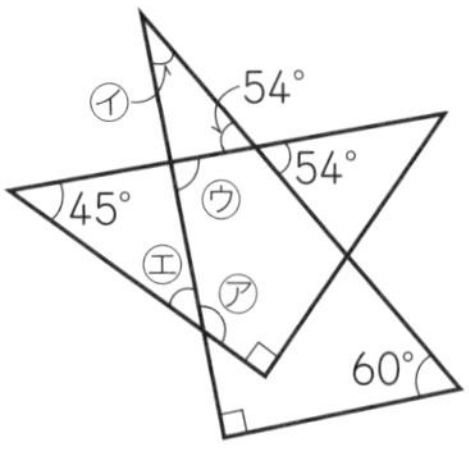

(2)下の図の色のついた四角形を考えると，

角㋒＝180°－20°＝160° より，

角㋑＝360°－(30°＋160°＋45°)＝125°

次に，角㋓＝180°－125°＝55°

このことから，角㋐＝55°＋45°＝100°

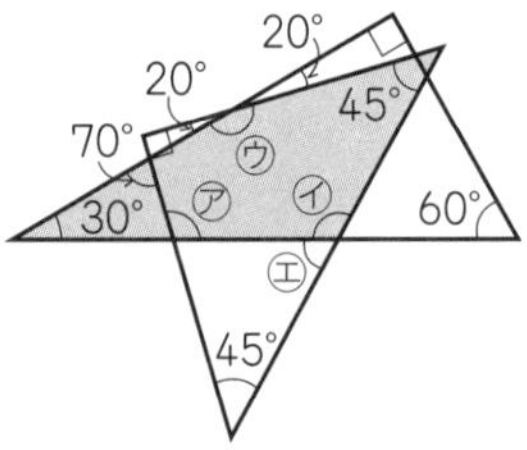

[別解]　上の図で，角㋐＝30°＋70°＝100°

角㋑＝80°＋45°＝125°

ハイクラス

p.116~117

[1] 20°

[2] (1)㋐ 105°　㋑ 30°　㋒ 65°

(2)㋐ 75°　㋑ 135°

[3] ㋐ 35°　㋑ 160°

4 75°

5 30°

6 75°

7 (1) 60°

理由…(例)三角形 CDE は正三角形だから。

(2) 75°

8 ㋐ $\dfrac{540°}{7}$ ㋑ $\dfrac{540°}{7}$

📖 解き方

1

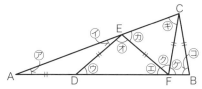

上の図において、㋑＝㋐

㋓＝㋒＝㋐×2

㋔＝180°－(㋒＋㋓)＝180°－㋐×4

㋖＝㋕＝㋐＋㋔＝㋐×3

㋗＝180°－(㋕＋㋖)＝180°－㋐×6

㋙＝㋘＝㋐＋㋖＝㋐×4

よって、三角形 ABC は頂角が㋐、底角が㋐×4 の二等辺三角形だから、

㋐＋㋐×4＋㋐×4＝180°

㋐×9＝180° より、㋐＝20°

2 (1) 右の図で、三角形 BEF から、

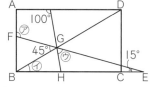

角㋐＝90°＋15°＝105°

三角形 FBG で、角 BFG＝75°、角 FGB＝45° で、角 FBG＝180°－(75°＋45°)＝60° だから、

角㋑＝90°－60°＝30°

三角形 GHE で、角 GHE＝100°、角 GEH＝15° だから、角㋒＝180°－(100°＋15°)＝65°

(2) 角㋐＝180°－90°－(90°－60°)÷2＝75°

角㋑＝75°＋60°＝135°

3 右の図で、角㋐と角㋒は等しい角度になるから、

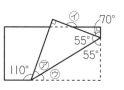

角㋐＝(180°－110°)÷2＝35°

180°－(90°＋35°)＝55° 180°－55°×2＝70°

角㋑＝70°＋90°＝160°

---

4 右の図のようになります。

180°－(70°＋45°)＝65°

180°－(110°＋30°)＝40°

角㋐と角㋑が等しいことから、

角㋐＝180°－(65°＋40°)＝75°

5 右の図で、

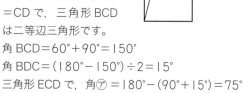

角★＝(180°－15°×2)÷2＝75°

㋒は二等辺三角形だから、●印をつけた角の大きさは、

180°－75°×2＝30°

6 右の図で、三角形 ABC が正三角形だから、それにくっついている正方形の1辺は、正三角形の1辺と同じ長さになります。だから、BC＝CD で、三角形 BCD は二等辺三角形です。

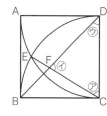

角 BCD＝60°＋90°＝150°

角 BDC＝(180°－150°)÷2＝15°

三角形 ECD で、角㋐＝180°－(90°＋15°)＝75°

7 (1) 三角形 CDE は、1辺の長さが正方形 ABCD の1辺の長さと等しい正三角形になります。

(2) 三角形 BCD は直角二等辺三角形だから、右の図で㋒の角の大きさは、45° です。

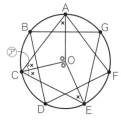

三角形 CDF において、内角の和は 180° だから、㋑の角の大きさは、

180°－(60°＋45°)＝75°

8 円の中心を O とします。

右の図で三角形 OAC、OCE は合同だから、角㋐の角の大きさは、×の角の2倍に等しくなります。また、

◎＝360°×$\dfrac{2}{7}$＝$\dfrac{720°}{7}$

三角形 OAC は二等辺三角形だから、×の角の大きさは、(180°－◎)÷2＝$\dfrac{270°}{7}$

これを2倍すると、角㋐＝$\dfrac{540°}{7}$

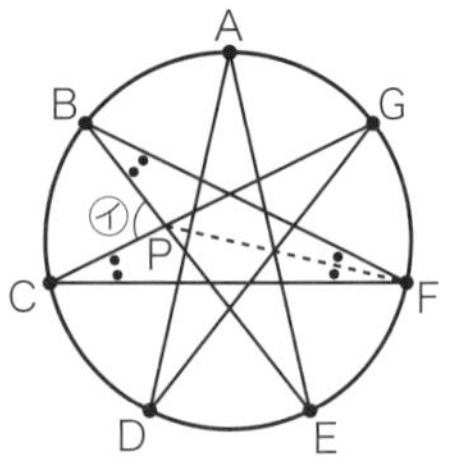

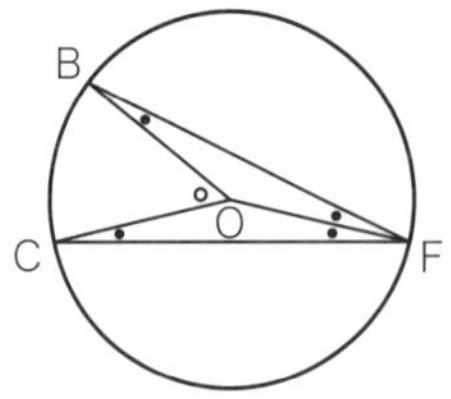

Fの角の大きさを●2個分とします。
四角形BPCFにおいて，B，Cの角の大きさも●2個分だから，三角形の内角と外角の関係から，角㋑の角の大きさは●6個分です。
また，四角形BOCFにおいて，B，Cの角の大きさは●1個分だから，三角形の内角と外角の関係から，○の角の大きさは●4個分です。

$○=\dfrac{360^\circ}{7}$ だから，

角㋑ $=●\times6=○\div4\times6$

$=\dfrac{360^\circ}{7}\div4\times6=\dfrac{540^\circ}{7}$

[別解] 直線CDと直線BEは平行だから，角ACG＝角DCEより，

角㋑＝角GCD＝角ACE＝角㋐ $=\dfrac{540^\circ}{7}$

26 三角形の面積

標準クラス

p.118〜119

1 (1) $6\ cm^2$ (2) $50\ cm^2$ (3) $20\ cm^2$
(4) $10\ cm^2$

2 (1) 12 (2) 4.8

3 $60\ cm^2$

4 (1) 9.6 cm (2) 5 cm

5 (1) $1.5\ cm^2$ (2) 直角二等辺三角形

解き方

1 (1) **三角形の面積＝底辺×高さ÷2** です。
この公式にあてはめて計算します。
$4\times3\div2=6(cm^2)$

(2) 正方形の面積から，色がついていない三角形の面積をひきます。
$10\times10-(10\times4\div2+10\times6\div2)$
$=50(cm^2)$
[別解] 対角線で2つの三角形に分けると，
$4\times10\div2+6\times10\div2=20+30=50(cm^2)$

(3) 大きな三角形の面積から，色がついていない三角形の面積をひきます。
大きな三角形の3つの角の大きさは，90°，45°，45°だから，直角二等辺三角形です。
よって，求める面積は，
$(2+6)\times(2+6)\div2-6\times4\div2=20(cm^2)$

> ☞ポイント
> **直角二等辺三角形の面積**
> **＝斜辺×斜辺÷4**
>
> 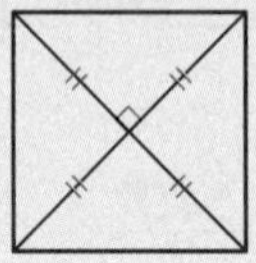

[別解] 2つの三角形に分けると，
$4\times6\div2+2\times8\div2=12+8=20(cm^2)$

(4) $6\times4\div2+3\times4\div2-4\times2\div2\times2=10(cm^2)$

2 (1) 三角形の面積は，
$15\times16\div2=120(cm^2)$
底辺が20 cmのときの高さは，
$120\times2\div20=12(cm)$

(2) 三角形の面積は，
$8\times6\div2=24(cm^2)$
底辺が10 cmのときの高さは，
$24\times2\div10=4.8(cm)$

3 三角形ABCの面積は，
$12\times12\div2=72(cm^2)$
辺ACとDEの交点をOとします。
三角形AEOの面積は，
$6\times4\div2=12(cm^2)$
よって，四角形EOCBの面積は，
$72-12=60(cm^2)$

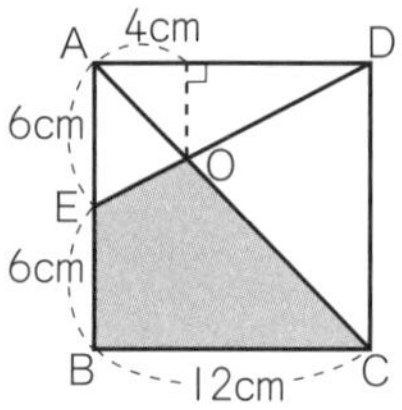

4 (1) 三角形ACFの面積をもとに，まず，CFの長さを求めます。
$CF\times20\div2=24$ より，
$CF=24\times2\div20=2.4(cm)$
$DF=12-2.4=9.6(cm)$
[別解] 三角形ACDの面積は，
$20\times12\div2=120(cm^2)$
三角形AFDの面積は，
$120-24=96(cm^2)$
よって，DFの長さは，
$96\times2\div20=9.6(cm)$

(2) 三角形ACEと三角形DCEは，どちらも底辺がCEで高さが12 cmだから，面積は同じです。

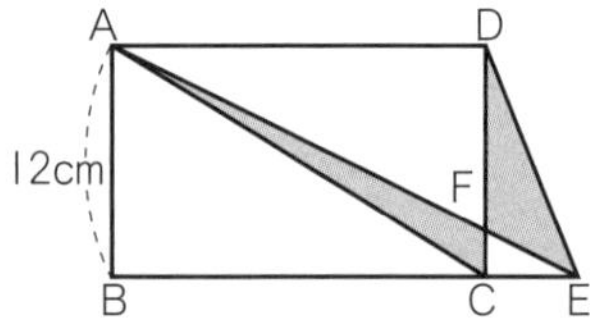

三角形 ACF，三角形 DFE は，それぞれ三角形 ACE，三角形 DCE から三角形 FCE をひいたものなので，面積は同じ 24 cm^2 です。
三角形 DFE で，底辺を DF とみると高さは CE だから，DF＝9.6 cm より，
CE＝24×2÷9.6＝5(cm)

5 (1)長方形から，色がついていない部分の面積をひきます。
2×3－2×1÷2－3×1÷2－1×2＝1.5(cm^2)
(2)右の図の三角形ABD と三角形 ACE を考えます。
この 2 つの三角形は合同なので，
角㋑ ＝ 角㋒
また，角㋐ ＋ 角㋑ ＝90° より，
角㋐ ＋ 角㋒ ＝90°
AB と AC の長さも等しいので，三角形 ABC は直角二等辺三角形です。

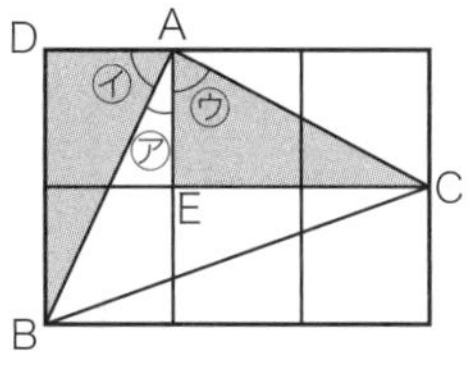

27 四角形の面積

標準クラス

p.120～121

1 (1)243　(2)152　(3)12　(4)12
2 (1)エ　(2)アとイ　(3)6 倍
3 (1)715 cm^2
(2)11.5 cm^2
(3)32.4 cm^2
(4)19 cm^2
4 (例)三角形 ADM と三角形 ECM は合同だから(辺 DM，CM の長さとその両はしの角がそれぞれ等しいため)，台形 ABCD の面積は三角形 ABE の面積に等しくなります。辺 BE を三角形 ABE の底辺とすると，その長さは台形 ABCD の(上底＋下底)に等しく，三角形 ABE の高さは台形の高さに等しいから，「台形の面積 ＝(上底＋下底)× 高さ ÷2」が成り立ちます。

解き方

1 (1)18×13.5＝243(cm^2)
(2)16×19÷2＝152(cm^2)
面積の公式をもとに逆算(ぎゃくさん)して求めます。
(3)198×2÷(18＋15)＝12(cm)
(4)300÷25＝12(cm)

ポイント 四角形の面積の公式
長方形の面積＝たて×横
正方形の面積＝1 辺×1 辺
平行四辺形の面積＝底辺×高さ
ひし形の面積＝対角線×対角線÷2
台形の面積＝(上底＋下底)×高さ÷2

2 (1)面積が最も小さい平行四辺形を見つけるには，底辺と高さがそれぞれ最も小さいものを見つけます。
(2)**ア**は 3×8，**イ**は 6×4 で面積はともに 24 cm^2 となり，等しくなります。
(3)底辺が 3 倍，高さが 2 倍なので，面積は 6 倍になります。

3 (1)2 つの台形の面積として考えます。
(18＋35)×10÷2＋(25＋35)×15÷2
＝715(cm^2)
(2)平行四辺形 ABCD と台形 DCEF に分けて，どちらの面積も台形の面積の公式を使って求めます。
(4＋4)×2÷2＋(4＋3)×1÷2＝11.5(cm^2)
(3)対角線で上下 2 つの三角形に分けて考えます。
10.8×3÷2×2＝32.4(cm^2)
(4)右の図のように，対角線をひいて 2 つの三角形の面積の和として求めます。
4×6÷2＋2×7÷2
＝19(cm^2)

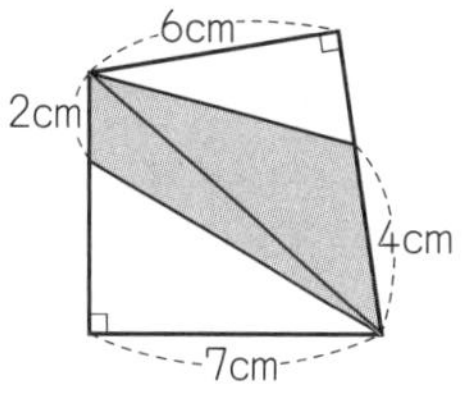

ハイクラス

p.122～123

1 108 cm^2
2 (1)144.5 cm^2　(2)45°
3 (1)25 cm^2　(2)62.5 cm^2
4 96 cm^2
5 33 cm^2
6 8 cm^2
7

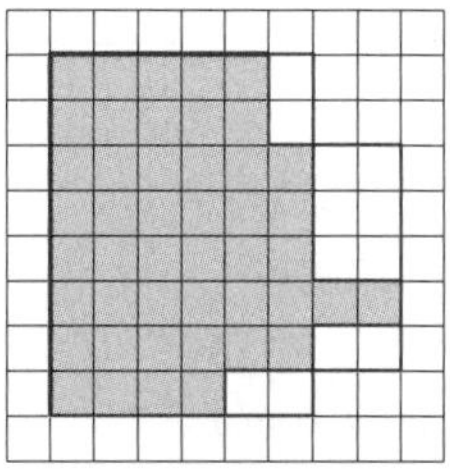

46 cm^2

解き方

1 右の図のように，AD に平行な直線 PQ をひきます。底辺と高さが変わらなければ，面積も変わらないので，色のついた部分の面積は，三角形 CPD の面積と同じになります。

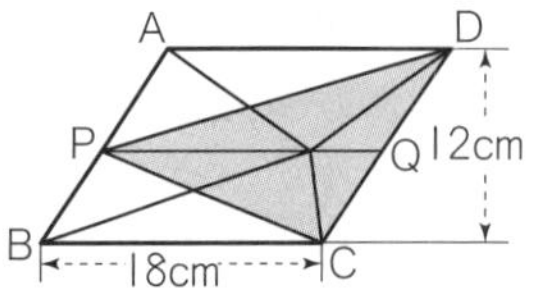

さらに，三角形 CPD の面積は三角形 CBD の面積と同じになるので，求める面積は，

$18\times12\div2=108(\text{cm}^2)$

2 (1)(ア)と(イ)は合同だから，

EC＝5 cm，DC＝17 cm，BC＝12 cm

よって，台形 ABCD の面積は，

$(5+12)\times17\div2=144.5(\text{cm}^2)$

(2)角 AED＋ 角 BEC＝90° より，角 AEB＝90°

三角形 AEB は二等辺三角形より，

角㋐ ＝(180°－90°)÷2＝45°

3 (1)色のついた部分のたての長さは，

10－(㋐ ＋ ㋒)＝10－5＝5(cm)

色のついた部分の横の長さは，

10－(㋑ ＋ ㋓)＝10－5＝5(cm)

よって，色のついた部分の面積は，

$5\times5=25(\text{cm}^2)$

(2)正方形 ABCD で色のついていない部分の面積は，$10\times10-25=100-25=75(\text{cm}^2)$

その半分が四角形 PQRS で色のついていない部分の面積に等しいから，

四角形PQRSの面積 $=25+75\div2=25+37.5=62.5(\text{cm}^2)$

4 右の図で，

$12\times12-6\times8\div2\times2$

$=144-48$

$=96(\text{cm}^2)$

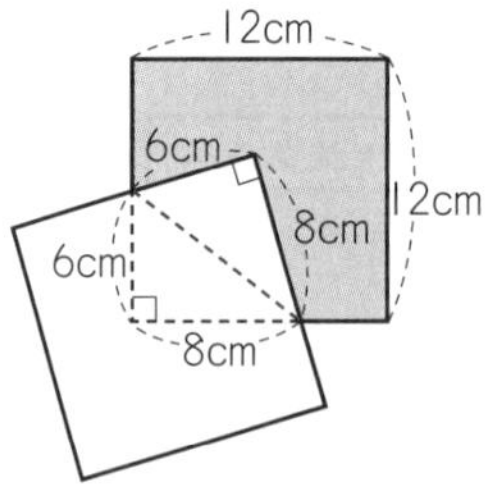

5 右の図の角㋐と角㋑は，平行線に 1 本の直線が交わってできる角(錯角(さっかく))で等しくなります。

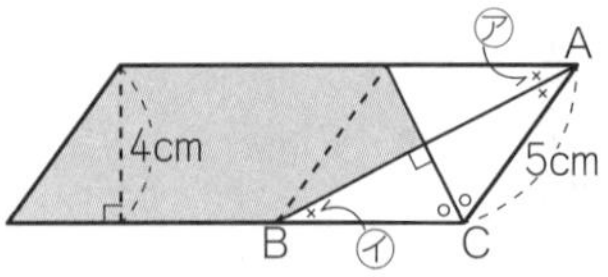

よって，三角形 ABC は 2 つの角が等しいので，AC＝BC の二等辺三角形です。

したがって，色がついていない直角三角形 1 つの面積は，$5\times4\div2\div2=5(\text{cm}^2)$

これから，色のついた部分の面積は，

$12\times4-5\times3=33(\text{cm}^2)$

6 右の図のように線をひくと，

AG＝6－2＝4(cm)

より，

AF＝FG＝GB＝EF

＝4÷2＝2(cm)

となるから，

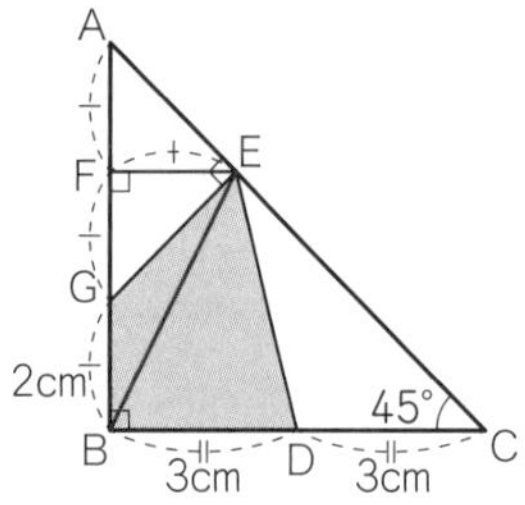

四角形 BDEG の面積

＝三角形 BEG の面積＋三角形 BED の面積

$=2\times2\div2+3\times4\div2=2+6=8(\text{cm}^2)$

[別解] 四角形 BDEG の面積

＝三角形 ABC の面積

－三角形 AEG の面積 － 三角形 CDE の面積

$=6\times6\div2-4\times2\div2-3\times4\div2=8(\text{cm}^2)$

7 $8\times5=40(\text{cm}^2)$

$(8-2-1)\times1=5(\text{cm}^2)$

$1\times2=2(\text{cm}^2)$

$1\times1=1(\text{cm}^2)$

よって，

$40+5+2-1=46(\text{cm}^2)$

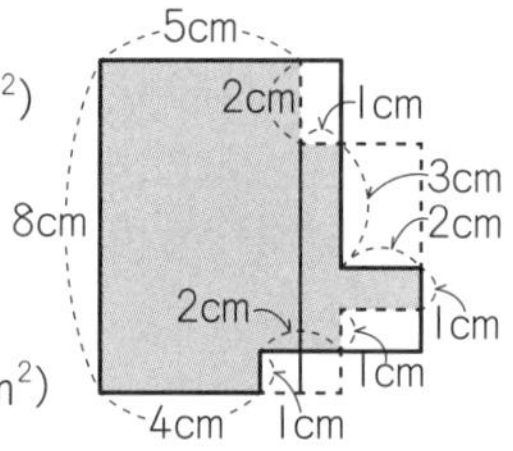

28 いろいろな面積

標準クラス

p.124～125

1 (1)279 cm² (2)48 cm²

2 (1)20 cm²

(2)108 cm²

(3)31.5 cm²

(4)4.5 cm²

3 24 cm²

4 33.6 cm²

5 144 cm²

6 7 cm

7 328 cm²

解き方

1 (1)3 つの三角形と考えて計算します。

$18\times12\div2+18\times10\div2+18\times9\div2$

$=18\times(6+5+4.5)=279(\text{cm}^2)$

(2)2 つの三角形と長方形に分けて計算します。

2 つの三角形の面積の和は，

$(8\times2\div2)\times2=16(\text{cm}^2)$

長方形の面積は，$8\times4=32(\text{cm}^2)$

よって，$16+32=48(\text{cm}^2)$

2 (1)色のついた部分は，ひし形になります。
$5\times8\div2=20(\text{cm}^2)$

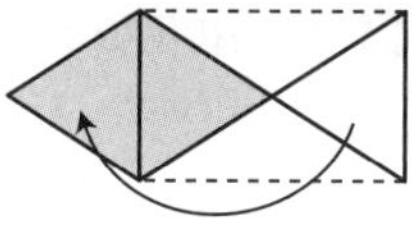

(2)CD を底辺とみたときの平行四辺形の高さは，
$12\times12\div16=9(\text{cm})$

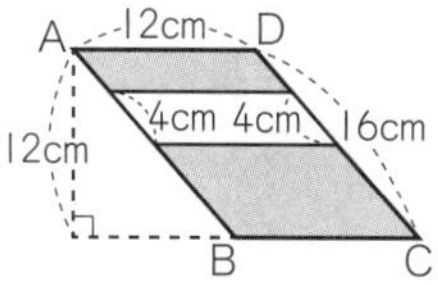

色のついた部分は底辺 4cm の平行四辺形をひいたものなので，
$16\times9-4\times9=(16-4)\times9=108(\text{cm}^2)$

(3)面積がわかっている台形の高さは，
$45.5\times2\div(5+8)=7(\text{cm})$
色のついた部分も同じ高さになります。
$(6+3)\times7\div2=31.5(\text{cm}^2)$

(4)右の図のように，面積の等しい部分を移して，
$3\times3\div2=4.5(\text{cm}^2)$

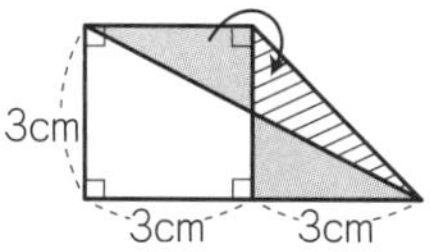

3 右の図のように補助線をひくと，色のついた各三角形の面積は，色がついていない三角形の面積と等しいことがわかります。
つまり，平行四辺形の面積の半分になるから，
$8\times6\div2=24(\text{cm}^2)$

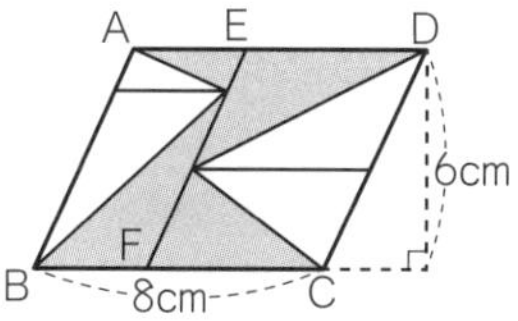

4 三角形 ACD の面積は，
$6\times8\div2=24(\text{cm}^2)$
AD を底辺にすると，
高さは，
$24\times2\div10=4.8(\text{cm})$

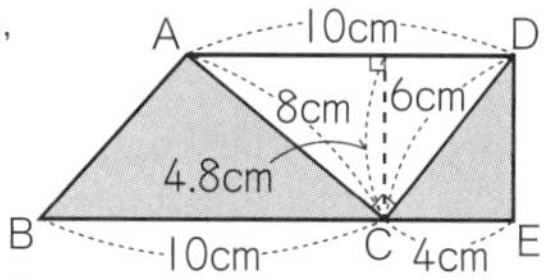

三角形 ABC の面積＋三角形 CED の面積は，
$10\times4.8\div2+4\times4.8\div2=(5+2)\times4.8$
$=33.6(\text{cm}^2)$

5 右の図のように，3 つの三角形㋐，㋑，㋒に分けて考えます。
色のついた部分の面積
＝㋐＋㋑＋㋒
$=12\times12\div2+12\times6\div2\times2$
$=72+72=144(\text{cm}^2)$

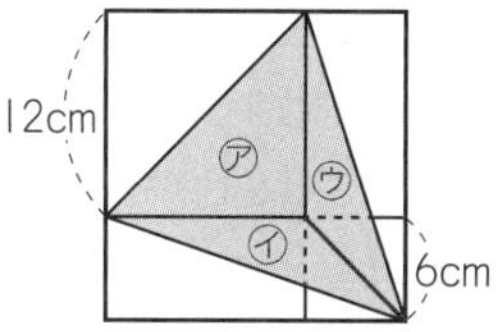

[別解] 色のついた部分の面積は，1 辺が 18 cm の正方形から 3 つの直角三角形をとった面積に等しいから，
$18\times18-12\times12\div2-18\times6\div2-18\times6\div2$
$=144(\text{cm}^2)$

6 三角形 BEF と三角形 AFD は，どちらも底辺を AB，高さを AE とする三角形から三角形 ABF をひいたものなので，面積は等しくなります。三角形 BEF で，EF を底辺とすると，高さは 3 cm です。
$EF=8.4\times2\div3=5.6(\text{cm})$
三角形 AFD の底辺を AF とすると，高さは ED になるから，
$ED=8.4\times2\div(8-5.6)=7(\text{cm})$

7 もとの正方形の面積は，
$20\times20=400(\text{cm}^2)$
黒い三角形 1 個の面積は
$3\times3\div2=4.5(\text{cm}^2)$ であり，右の図のように全部で黒い三角形 16 個分が切り落とされるから，求める面積は，
$400-4.5\times16=328(\text{cm}^2)$

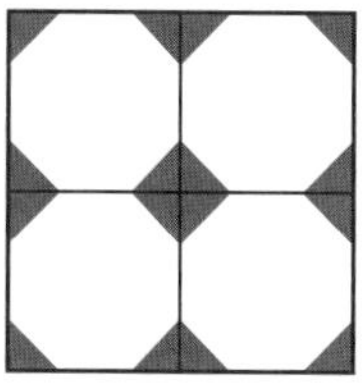

ハイクラス

p.126~127

1 $864\ \text{cm}^2$

2 $236\ \text{cm}^2$

3 $1\frac{2}{3}\ \text{cm}^2$

4 (1)$6.25\ \text{cm}^2$
(2)$39.5\ \text{cm}^2$

5 $24\ \text{cm}^2$

6 (1)$3\ \text{cm}^2$
(2)$10\ \text{cm}^2$

7 (1)2 cm
(2)13 倍

解き方

1 三角形 ABD と三角形 ACD は面積が等しいから，共通部分を取りのぞいた三角形 ABO と三角形 CDO の面積は等しくなります。
$36\times48\div2=864(\text{cm}^2)$

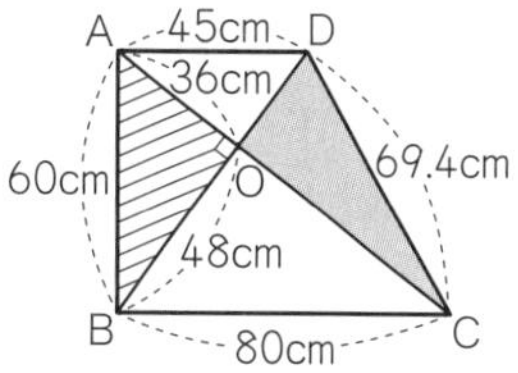

2 白い部分をすべてはしに寄せて考えます。
$16\times(22-2\times2)$
$\quad-2\times(10+8+8)$
$=236(\text{cm}^2)$

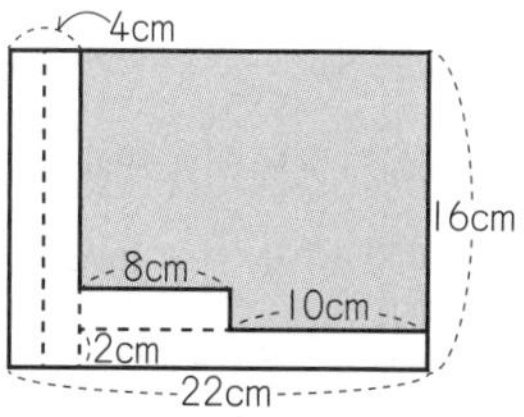

3

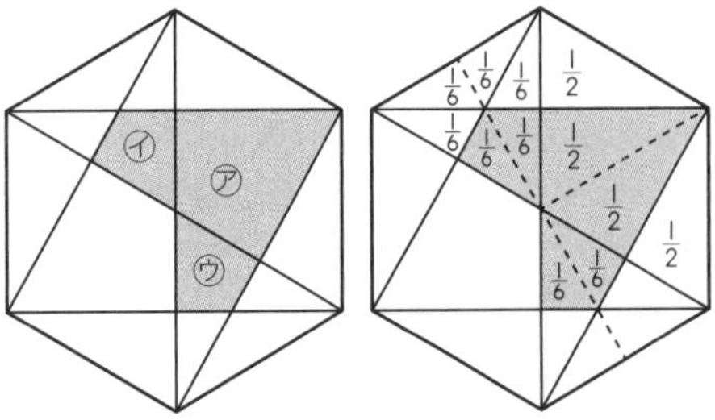

上の図のように，㋐～㋒の部分に分けて考えます。面積が 6 cm^2 の正六角形は合同な正三角形 6 個に分けられ，㋐はその半分が 2 個合わさっているから，

㋐の面積 $=(6\div6\div2)\times2=1(cm^2)$

面積が 1 cm^2 の正三角形は合同な三角形 6 個に分けられ，㋑，㋒はそれぞれ，それが 2 個合わさっているから，

㋑の面積＝㋒の面積 $=(1\div6)\times2=\frac{1}{3}(cm^2)$

よって，求める面積は，

$1+\frac{1}{3}+\frac{1}{3}=1\frac{2}{3}(cm^2)$

4 (1) 1 辺が 5 cm の正方形を右の図のように 4 等分した図形と考えて，

$5\times5\div4$

$=6.25(cm^2)$

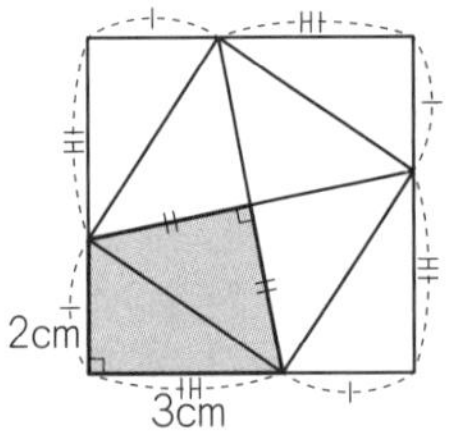

(2) 直角をはさむ 2 辺が 7 cm，3 cm の直角三角形をつけたすと，1 辺が 10 cm の正方形の面積の半分になるから，

$10\times10\div2-7\times3\div2=39.5(cm^2)$

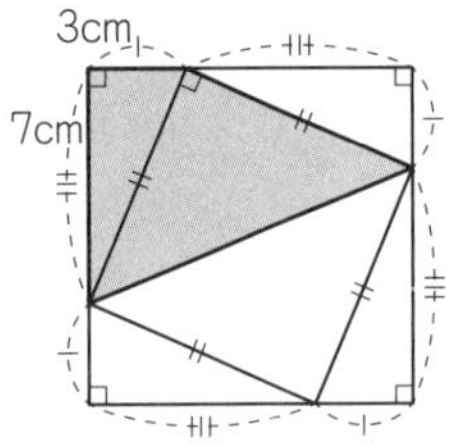

5 平行四辺形 ABCD の面積は，

$9\times8=72(cm^2)$

右の図の平行四辺形 AEFD の面積は，

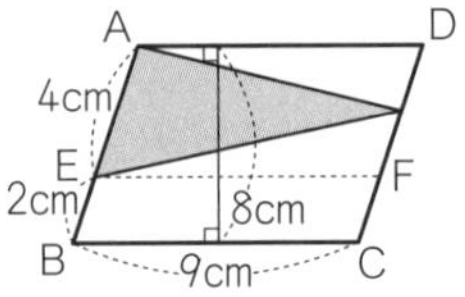

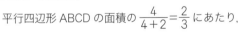

平行四辺形 ABCD の面積の $\frac{4}{4+2}=\frac{2}{3}$ にあたり，

$72\times\frac{2}{3}=72\div3\times2=48(cm^2)$ です。

色のついた三角形の面積は，平行四辺形 AEFD の面積の $\frac{1}{2}$ にあたり，

$48\div2=24(cm^2)$

6 (1) 右の図のように，三角形 EFG で，底辺を FG とすると，高さは，

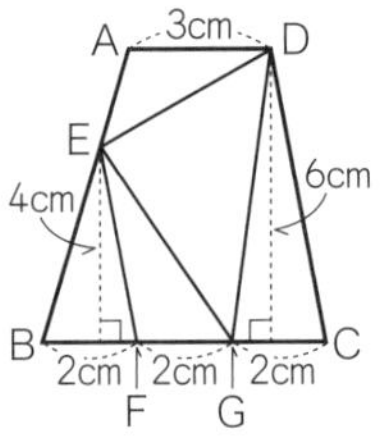

$4\times2\div2=4(cm)$

三角形 CDG で，底辺を CG とすると，高さは，

$6\times2\div2=6(cm)$

よって，三角形 AED で，底辺を AD とすると，高さは，$6-4-2(cm)$

三角形 AED の面積は，

$3\times2\div2=3(cm^2)$

(2) 台形 ABCD の面積は，

$(3+6)\times6\div2=27(cm^2)$

よって，三角形 EGD の面積は，

$27-4-4-6-3=10(cm^2)$

7 (1) 六角形 ABCDEF は，すべての角が 120° だから，辺の長さに注意すると，右の図のように，正三角形 PQR から 3 つの正三角形 PAB，QCD，REF を切りとってできる図形と考えられます。

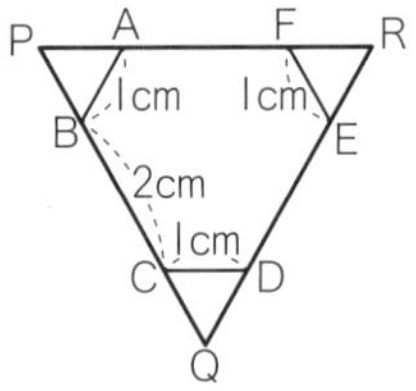

よって，AF＝2 cm

(2) 六角形 ABCDEF は，右の図のように，1 辺が 1 cm の正三角形 13 個に分けられるから，六角形の面積は 1 辺が 1 cm の正三角形の面積の 13 倍です。

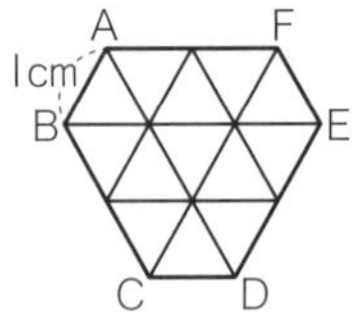

29 立体の体積

標準クラス p.128～129

1 (1) 300　(2) 1.5　(3) 500　(4) 0.7　(5) 20

2 (1) 288 cm^3　(2) 13.2 m^3

3 280 cm^3

4 96 cm^3

5 (1) 36 m^3　(2) 39 m^3

6 (1) 20 cm^3

(2) 27 倍

理由…(例) 1 辺が 3 cm の立方体の体積は $3\times3\times3=27(cm^3)$ で，立方体 1 個あたりの体積が 27 倍になるから。

7 (1) 7 cm　(2) 6.25 cm

解き方

1 1 L=10 dL=1000 mL=1000 cm^3
1 kL=1000 L=1 m^3

2 (1)8×12×3=288(cm^3)
(2)2.5×4.8×1.1=13.2(m^3)

3 容器のたては 5 cm だから，高さは，
(13−5)÷2=4(cm)
よって，求める体積は，
5×14×4=280(cm^3)

4 右の図の太い線で囲まれた部分は，
10×8=80(cm^2)
そのうち，色のついた部分以外はてん開図のちょうど半分で，
152÷2=76(cm^2)

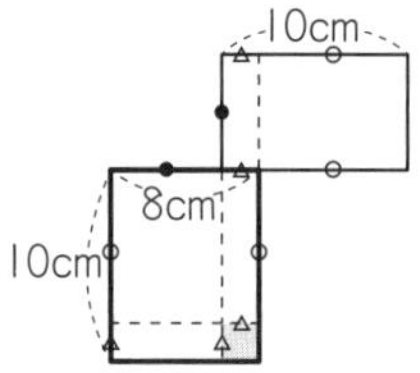

80−76=4=2×2 より，直方体の 1 辺(△の辺)は 2 cm とわかります。
○の辺は，10−2=8(cm)
●の辺は，8−2=6(cm)
したがって，体積は，
8×6×2=96(cm^3)

5 (1)右の図のように，2 つの直方体に分けて考えます。
4×5×1+4×2×2
=36(m^3)

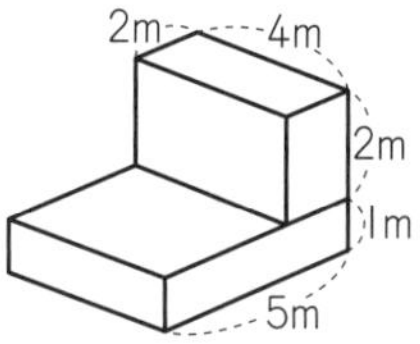

(2)大きな直方体から小さな直方体を取りのぞいた形とみて計算します。
大きな直方体の体積は，4×4×3=48(m^3)
小さな直方体の体積は，2×1.5×3=9(m^3)
よって，48−9=39(m^3)

ポイント 体積の求め方

直方体の体積=たて× 横 ×高さ
立方体の体積 =1 辺×1 辺×1 辺
角柱の体積 = 底面の面積 × 高さ
※計算がしやすいように底面を決めましょう。

6 (1)1×1×1×(10+6+3+1)=20(cm^3)

7 (1)図 2 の体積を求めます。
10×8×5=400(cm^3)
この立体は完全に水中にしずむから，体積を水そうの底面積でわると上がった水面の高さを出すことができます。
400÷(20×10)=2(cm)
よって，求める水面の高さは，
5+2=7(cm)
(2)水の体積は，20×10×5=1000(cm^3)
水がはいる部分の底面積は，
20×10−8×5=160(cm^2)
よって，高さは，
1000÷160=6.25(cm)

ハイクラス

p.130〜131

1 (1)304 cm^3 (2)16 cm^3

2 864 cm^3

3

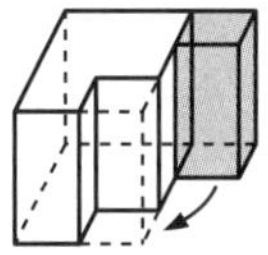

説明…(例)右横にはり出した部分(色のついた部分)を，手前の欠けている部分(点線の部分)に移動させた。

4 20 cm

5 7500 cm^3

6 (1)4032 cm^3 (2)10.5 cm (3)17 cm

解き方

1 (1)下の図より，体積は，
{3×(2+2+2)+3×(2+2)+4×2}×8
=304(cm^3)

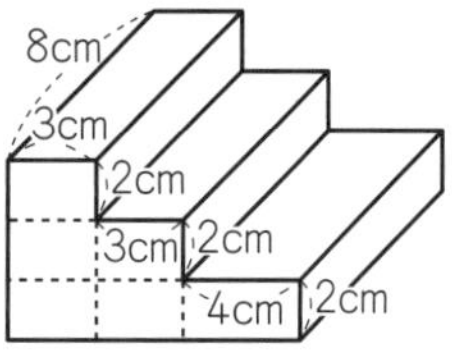

(2)たて 1 cm，横 1 cm，高さ 2 cm の直方体 8 個に分けられるから，1×1×2×8=16(cm^3)

2 右の図のように，
㋐，㋑，㋒の 3 つの立体に分けて考えます。
(12×16−8×12)×6+(8×12−4×8)×4+4×4×2
=864(cm^3)

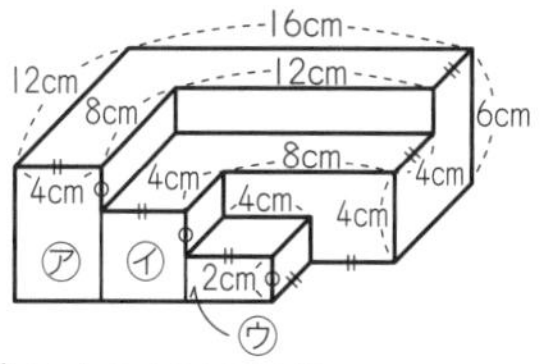

4 Bの容積は，10×8×15=1200(cm^3)
Aにはいっていた水の深さは，
(1200+600)÷(12×10)=15(cm)
これが容器Aの深さの $\frac{3}{4}$(=0.75)だから，容器Aの深さは，15÷0.75=20(cm)

5 積み木の水にしずんだ部分の体積が，水そうの 8cm の深さ分の水の体積に等しくなります。
25×30×8=6000(cm^3)
これが積み木の $\frac{4}{5}$(=0.8)の体積だから，積み木

の体積は，6000÷0.8＝7500(cm^3)

6 ⑴直方体２つに分けると，
12×24×12＋8×6×12＝4032(cm^3)
⑵4032÷(16×24)＝10.5(cm)
⑶16×20×6＝1920(cm^3)
これは 4032 cm^3 より小さいから，面 ABHG を底面として置いたとき，一番高い水面は面 CDJI よりも高くなります。
一番高い水面の面 CDJI からの高さは，
(4032－1920)÷(16×12)＝11(cm)
よって，求める高さは，6＋11＝17(cm)

30 角柱と円柱

標準クラス

p.132〜133

1 (例)

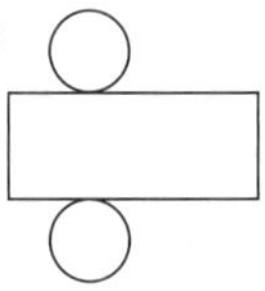

2 ⑴右の図の㋐，㋑，㋒のどれか
⑵平行

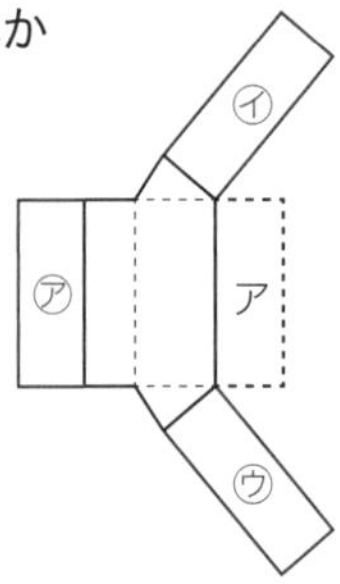

3 ⑴四角柱(直方体)
⑵円柱
⑶三角柱
⑷八角柱

4 ⑴六角柱
⑵立方体
⑶三角柱

5 ⑴18 cm
⑵192 cm^3

6 ⑴右の図
⑵積み方…(例)直方体の高さが 4 cm になるように積みます。
54 cm

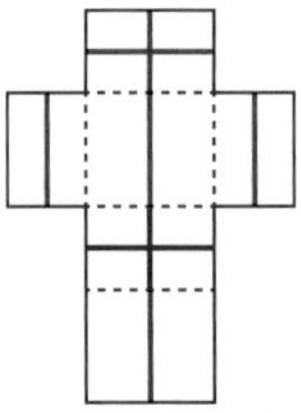

解き方

1 紙にかいて，一度つくってみましょう。長方形の下の辺と円周がくっつくようにかきます。

2 ⑴組み立てたときに，アの面とくっつく辺をさがします。立体のてん開図のかき方は何通りもあります。いろいろとかいてみましょう。
⑵角柱や円柱の２つの底面は平行です。

3 真正面から見た図が，長方形のときは角柱や円柱を表しています。また，真上から見た図は，底面の形を表しています。

4 角柱や円柱には底面が２つあることから考えます。⑵は，同じ大きさの正方形が６つあるから，立方体のてん開図であることがわかります。

5 ⑴てん開図のそれぞれの辺の長さを，□ cm，○ cm，△ cm とすると，

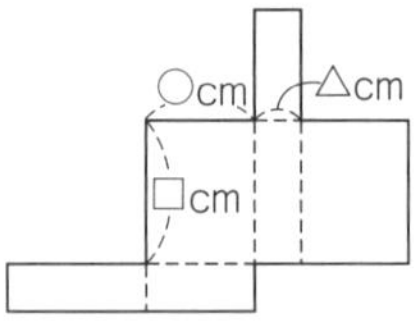

□＋○＝14，
○＋△＝10，
□＋△＝12
と表すことができる。これをすべて加えると，
□＋○＋○＋△＋□＋△＝14＋10＋12
□＋□＋○＋○＋△＋△＝36 より，
□＋○＋△＝36÷2＝18
⑵□＋○＋△＝18 と□＋○＝14 より，
△＝18－14＝4
□＋○＋△＝18 と○＋△＝10 より，
□＝18－10＝8
□＋○＋△＝18 と□＋△＝12 より，
○＝18－12＝6
したがって，体積は，
4×8×6＝192(cm^3)

6 ⑵右の図で，高さにあたる部分にひもが４回通ることになるから，高さをいちばん低くする積み方にします。
図のように積むと，ひもの長さは，
8×4＋5×2＋6×2＝54(cm)

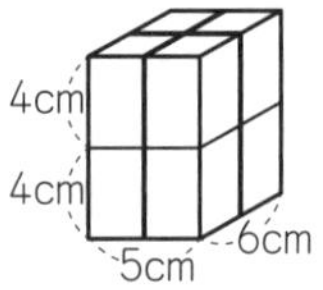

チャレンジテスト⑨

p.134〜135

[1] 18°
[2] 135°
[3] 60 cm^2
[4] 20 cm^2
[5] ウ，エ，オ，ク
[6] ⑴4 種類
⑵(例)

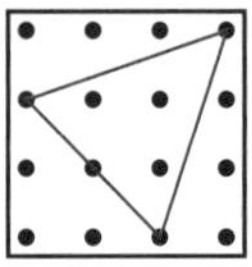

[7] 75.36 cm

解き方

[1] 正五角形の１つの内角は，
180°×(5－2)÷5＝108°

右の図で，三角形 BCD は二等辺三角形だから，角㋑，角㋒は，
(180°−108°)÷2＝36°
三角形 BOD の角㋓は，
108°−36°＝72°
よって，角㋐＝180°−(90°＋72°)＝18°

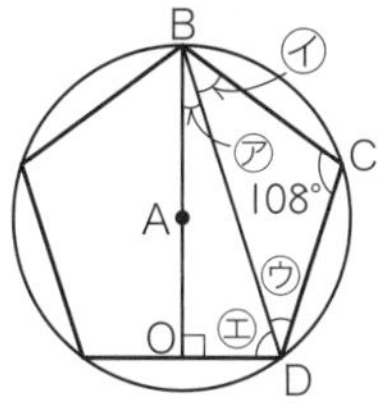

[別解] 正五角形の１つの中心角は，360°÷5＝72° だから，角㋓＝72°÷2＝36°
内角と外角の関係より，
角㋐＋角㋑＝角㋓だから，
角㋐＝36°÷2＝18°

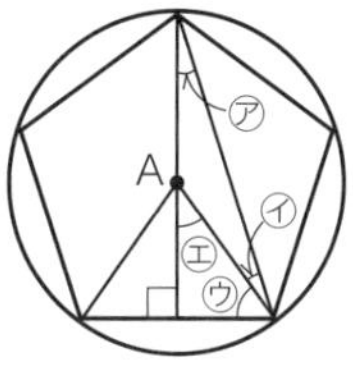

[2] 右の図のように，対角線 BD をひくと，三角形 BCD は正三角形です。
三角形 ABD は二等辺三角形で，
角 ABD＝90°−60°＝30°
であるから，
角 ADB＝(180°−30°)÷2＝75°
よって，角㋐＝75°＋60°＝135°

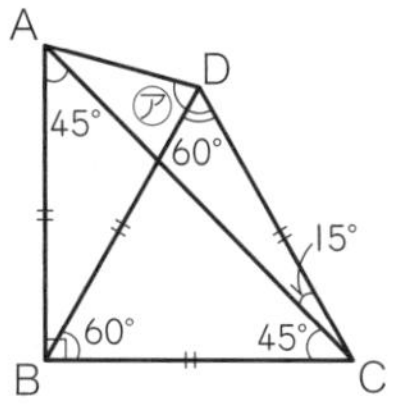

[3] 右の図のように色のついた三角形を移動します。平行四辺形 AECF の半分の三角形 AFC の面積を求めます。
FC＝16÷2＝8(cm)より，求める面積は，
8×15÷2＝60(cm^2)

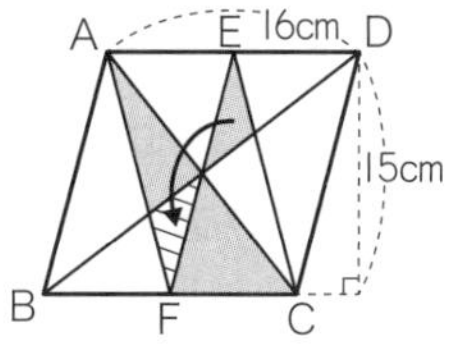

[4] 右の図のように，三角形を移動すると，色のついた正方形と合同な正方形が５個できます。
よって，求める面積は，
10×10÷5＝20(cm^2)

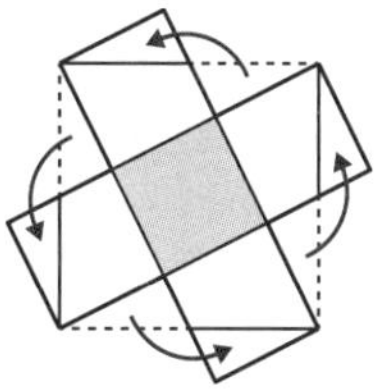

[5] **ア**三角柱の頂点は，上下の底面に３つずつあるので，６
イ辺の数は，上下の底面に３本ずつ，たてに３本あるので，９
カ底面が二等辺三角形でも正三角形でもなく，高さが底面の辺の長さとことなるとき，長さが等しい辺の組は４組あります。
キ平行な辺の組は，上下の底面に３組，たてに１組あるので，全部で４組あります。

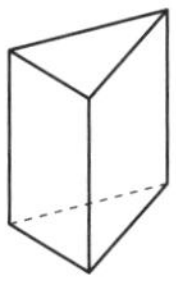

[6] (1)右の図のような４種類の三角形がつくれます。
(2)正方形の面積が 9 cm^2 だから，面積の合計が 5 cm^2 になるように，まわりから３つの三角形を切り取ります。

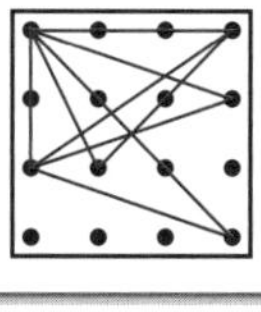

[7] 大，中，小３種類の半円が組み合わさっているので，それぞれの曲線部分の長さは，
大…8×2×3.14÷2
　＝8×3.14(cm)
中…4×2×3.14÷2×3＝12×3.14(cm)
小…4×3.14÷2×2＝4×3.14(cm)
よって，求める長さは，これらをたして，
(8＋12＋4)×3.14＝24×3.14＝75.36(cm)

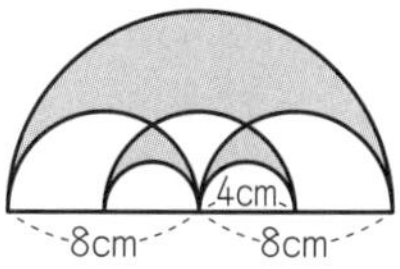

チャレンジテスト⑩

p.136〜137

[1] 189°
[2] (1)9 本 (2)120° (3)81 cm^2
[3] (1)1 cm^2 (2)17 秒後
[4] (1)100 cm^2
(2)できる
理由…(例)図１の側面の正方形の１辺が 15cm とすると，底面積は，
15×15÷2＝112.5(cm^2)
これは 100 cm^2 より大きいので，三角柱の正方形の１辺の長さは 15 cm より短いから。
[5] (1)10 cm (2)11 cm

解き方

[1] 右の図のように，BO，CO を結び，二等辺三角形をつくり，同じ角度に同じ記号を入れます。
五角形 OABCD の内角の和は，180°×(5−2)＝540°
です。印のついた角度の和を求めると，
×＋×＋○＋○＋△＋△＝540°−162°
＝378°
それぞれ記号が２個ずつあるので，
×＋○＋△＝378°÷2
＝189°
となり，これが㋐＋㋑を計算したものです。

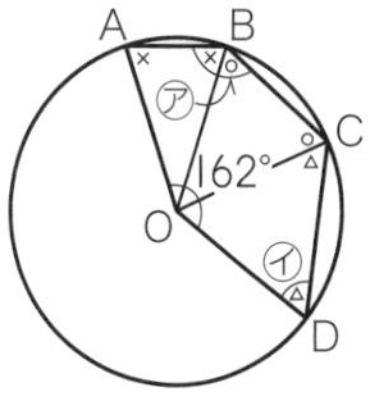

[2] (1)対角線の数は次の式で求められます。
(6−3)×6÷2＝9(本)
(2)6 つの角はどれも同じ大きさだから，
180°×(6−2)÷6＝120°

(3)中心角が 30° の三角形(色のついた部分)の面積は,

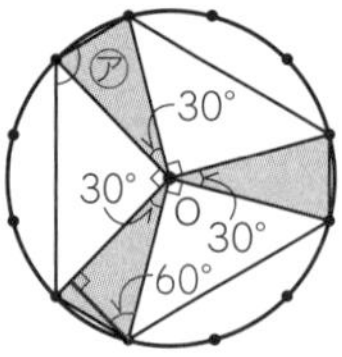

$6×3÷2=9(cm^2)$

中心角が 90° の直角三角形の面積は,

$6×6÷2=18(cm^2)$

この組み合わせが 3 組あるので,求める六角形の面積は,$(9+18)×3=81(cm^2)$

ポイント **30°,60°,90° の直角三角形**

3 つの角が 30°,60°,90° の三角形は,正三角形の半分の形なので,最も短い辺の長さは最も長い辺の長さの半分になります。

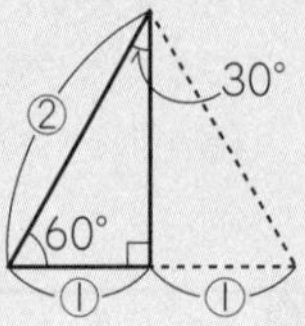

[3] (1)直線㋐より上の部分は斜辺(しゃへん)(直角三角形の最も長い辺)が 2 cm の直角二等辺三角形だから,その面積は,

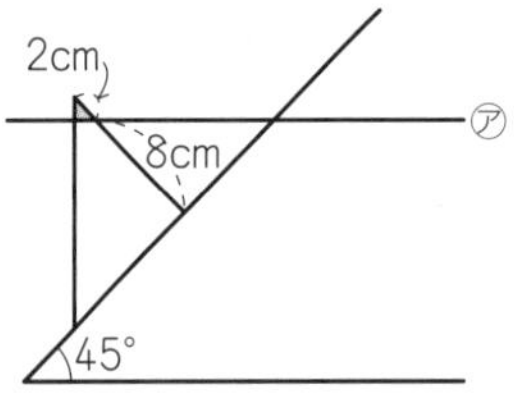

$2×2÷4=1(cm^2)$

(2)もとの直角二等辺三角形の面積は,

$10×10÷2=50(cm^2)$

よって,直線㋐より下の部分の面積は,

$50-47.75=2.25(cm^2)$

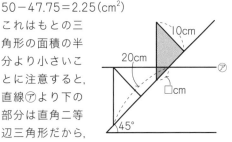

これはもとの三角形の面積の半分より小さいことに注意すると,直線㋐より下の部分は直角二等辺三角形だから,

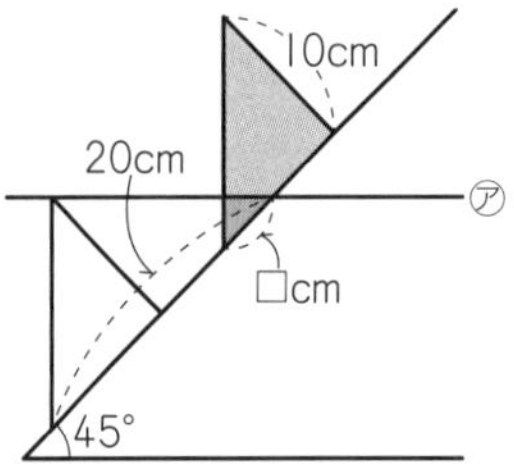

その斜辺の長さを□ cm とします。

その面積について,□ × □ ÷4=2.25

□ × □ =9 より,□ =3

よって,三角形が斜面にそって動いた長さは,

10×2−3=17(cm)

動く速さは毎秒 1 cm だから,

17÷1=17(秒後)

[4] (1)三角柱の底面は,それを右の図のように4つ組み合わせたときの $\frac{1}{4}$ にあたるので,

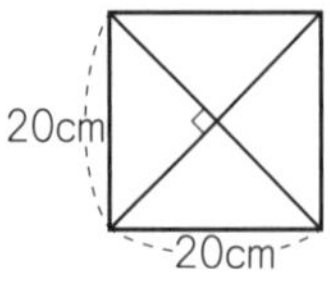

$20×20÷4=100(cm^2)$

[5] (1)B の下から 5 cm までの体積は,

$8×8×5-2×2×8=288(cm^3)$

したがって,288÷(12×12)=2(cm)

水の深さが増(ふ)えたことになるから,求める水面の高さは,8+2=10(cm)

(2)はじめにＡの水がはいっていない部分の体積を求めます。

$12×12×(12-8)=576(cm^3)$

Ｂの下から 8 cm までの体積は,

$8×8×8-2×2×8=480(cm^3)$

(576−480)÷(8×8−4×8)=3(cm)より,

Ｂを 8 cm しずめて,さらに 3 cm しずめると,Ａの水面はいちばん上まで達します。

よって,水があふれ出すときのＢをしずめた深さは,8+3=11(cm)

総仕上げテスト①

p.138~139

[1] (1)4.8 (2)$\frac{8}{9}$ (3)1 (4)$2\frac{3}{4}\left(\frac{11}{4}\right)$

[2] 133 g

[3] 65°

[4] $40cm^2$

[5] (1)ア 120,イ 240 (2)50 m

[6] (1)25 3 回,36 9 回,48 10 回

(2)10 まい

(3)7 まい

解き方

[1] (1)4.8×4×0.3+1.3×4.8×2−4.8×2.8

=(1.2+2.6−2.8)×4.8=1×4.8

=4.8

(2)すべて通分する場合もありますが,順に計算して通分する方法もあります。

$\frac{3}{4}+\frac{1}{12}=\frac{9}{12}+\frac{1}{12}=\frac{10}{12}=\frac{5}{6}$

$\frac{5}{6}+\frac{1}{18}=\frac{15}{18}+\frac{1}{18}=\frac{16}{18}=\frac{8}{9}$

(3)0.25×0.4+0.9=0.1+0.9=1

(4)$3\frac{10}{12}+1\frac{3}{12}-2\frac{4}{12}=2\frac{9}{12}=2\frac{3}{4}$

[2] Ａ,Ｂ,Ｃが 2 個ずつあるとき,重さの合計は,

245+237+258=740(g)

Ａ,Ｂ,Ｃの重さの合計は,740÷2=370(g)

これからＢとＣの重さをひくと,Ａの重さは,

370−237=133(g)

[3] 五角形の内角の和は,180°×(5−2)=540°

したがって,

角㋐＋角㋑＋角㋒＋角㋓＋100°＝540°
角㋐と角㋒が等しく，角㋐は角㋑の 2 倍であり，
角㋓は角㋑＋50° という条件から，
角㋑×6＋50°＋100°＝540°
角㋑＝(540°－150°)÷6＝65°

[4] 次のように白い部分を動かしても面積は変わりません。

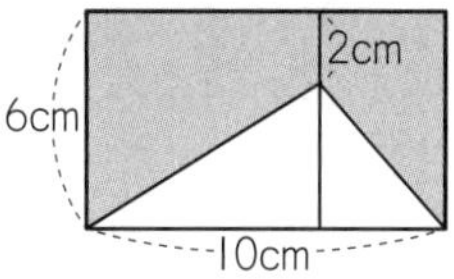

長方形から白い三角形の面積をひくと，
6×10－10×(6－2)÷2＝40(cm^2)

[5] 1 m の代金を調べて，2 つの量の関係を□と△を使って表すと，△＝40×□
(1)ア 40×3＝120，イ 40×6＝240
(2)2000＝40×□　□＝2000÷40＝50(m)

[6] (1)ひっくり返す回数は，約数の個数となります。
25 は，①，⑤，㉕の 3 回。
36 は，①，②，③，④，⑥，⑨，⑫，⑱，㊱の 9 回。
48 は，①，②，③，④，⑥，⑧，⑫，⑯，㉔，㊽の 10 回。
(2)2 回だけひっくり返すのは，①とカードの数字と同じ数の順番だけだから，素数をあげます。
2，3，5，7，11，13，17，19，23，29 の 10 まい。
(3)うらを向いているのは奇数回ひっくり返すカードで，その数字は同じ整数を 2 回かけあわせた数です。
1，4，9，16，25，36，49 の 7 まい。

総仕上げテスト②

p.140~141

[1] 38
[2] 60 分
[3] 43 人
[4] 22 cm^3
[5] (1)5 倍　(2)20 倍　(3)80 g
[6] (1)$10\frac{1}{9}\left(\frac{91}{9}\right)$　(2)49　(3)146

解き方

[1] $\frac{1}{ア}+\frac{1}{76}+\frac{1}{114}$ は $\frac{2}{19}$ におきかえることができるから，$\frac{12}{19}=\frac{1}{2}+\frac{2}{19}+\frac{1}{イ}$
$\frac{1}{イ}=\frac{12}{19}-\frac{2}{19}-\frac{1}{2}=\frac{10}{19}-\frac{1}{2}=\frac{1}{38}$

[2] じゃ口 1 本だけで水を入れるとき，40 分で満水になるから，1 分間にたまる水の量は，
600÷40＝15(L)
じゃ口 2 本で水を入れるとき，15 分で満水になるから，1 分間にたまる水の量は，
600÷15＝40(L)
じゃ口 1 本から 1 分間に出る水の量は，
40－15＝25(L)
穴から 1 分間に流れ出る水の量は，
25－15＝10(L)
よって，満水の状態で水を止めたとき，空になるまでにかかる時間は，600÷10＝60(分)

[3] 50 人より少なくても 50 人の団体として入場するほうが安くなることから，50×0.7＝35(人)より多く，人数は 36 人から 49 人の間と考えられます。
また，人数は食堂で支はらった 22575 円の約数になります。
22575＝3×5×5×7×43 より，これらを満たす人数は，43 人のみになります。

[4] たてと横が 1 cm, 高さが 3 cm の直方体 2 つがくりぬかれているから，
3×3×3－(1×1×3)×2＋1×1×1
＝27－6＋1＝22(cm^3)

[5] (1)A の食塩水の重さを 1 とすると，食塩の重さは 0.2 にあたるから，1÷0.2＝5(倍)
(2)A の食塩水の重さを□ g とします。
A にふくまれる食塩の重さは，(□×0.2)g
できた食塩水の重さは(□＋240)g で，そこにふくまれる食塩の重さは A の 2 倍の(□×0.4)g だから，(□×0.4)÷(□＋240)＝0.1
よって，できた食塩水の重さは，A にふくまれる食塩の重さの，
(□＋240)÷(□×0.2)
＝(□＋240)÷(□×0.4)×2＝10×2
＝20(倍)
(3)□×0.4＝0.1×(□＋240)
□×4＝□＋240
□×3＝240　□＝80

[6] (1)(1＋2＋3＋4＋6＋9＋12＋18＋36)÷9
＝91÷9＝$10\frac{1}{9}$
(2)整数 x の約数の個数がちょうど 3 個となるのは，ある素数□について x＝□×□となるとき。
$f(x)$＝19 より，(1＋□＋□×□)÷3＝19
1＋□＋□×□＝57
□に素数をあてはめていくと，この式が成り立つのは，□＝7 のときで，x＝7×7＝49

(3) 約数の個数がちょうど4個となる整数 x は，
次の2つのタイプに限ります。
　㋐ $x = □ × □ × □$（□は共通の素数）
　㋑ $x = ○ × △$（○，△は素数，○<△）
150以下の整数について，
㋐のタイプで最大の x は $5 × 5 × 5 = 125$ で，
$f(125) = 39$
㋑のタイプについて，○<△と $12 × 12 = 144$，
$13 × 13 = 169$ より，○は11以下です。
○＝2のとき最大の x は $2 × 73 = 146$ で，
$f(146) = 55.5$
○＝3のとき最大の x は $3 × 47 = 141$ で，
$f(141) = 48$
○＝5のとき最大の x は $5 × 29 = 145$ で，
$f(145) = 45$
○＝7のとき最大の x は $7 × 19 = 133$ で，
$f(133) = 40$
○＝11のとき最大の x は $11 × 13 = 143$ で，
$f(143) = 42$
よって，求める整数は，$x = 146$

🏁 総仕上げテスト③　p.142〜144

1 (1) $3\dfrac{1}{12}\left(\dfrac{37}{12}\right)$　(2) $\dfrac{1}{5}$　(3) 1.21　(4) 0.68

2 1.5倍

3 (1) 分速18 m　(2) 2800歩

4 57°

5 (1) 二等辺三角形　(2) 45°　(3) 20 cm
(4) 41.3 cm²　(5) 8.26 cm

6 (1) 630個　(2) 59000円

7 (1) 35人　(2) 3人

8 (1) 4800 cm²　(2) 6000 cm³　(3) 10

📖 解き方

1 (1) $\dfrac{5}{2} ÷ 6 + \dfrac{2}{3} × 4 = \dfrac{5}{2 × 6} + \dfrac{2 × 4}{3} = \dfrac{5}{12} + \dfrac{8}{3}$

$= \dfrac{5}{12} + \dfrac{32}{12} = \dfrac{37}{12} = 3\dfrac{1}{12}$

(2) $\left(\dfrac{10}{15} - \dfrac{6}{15}\right) × \dfrac{3}{4} = \dfrac{4}{15} × \dfrac{3}{4} = \dfrac{1}{5}$

(3) $1.1 × 0.11 × (4 + 2 × 3) = 1.1 × 0.11 × 10$
$= 1.1 × 1.1 = 1.21$

(4) $3.4 - 3.4 × 0.8 = 3.4 × (1 - 0.8) = 0.68$

2 1辺30 cmの正方形に1 cm²の正方形をはると，
全体で必要なのは $30 × 30 = 900$（まい）です。
2人で仕上げたまい数は，

$900 × \dfrac{5}{12} = 375$（まい）

あけみさんがはったまい数は，
$375 - 150 = 225$（まい）
したがって，かずおさんのはったまい数の何倍か
を求めると，
$225 ÷ 150 = 1.5$（倍）

3 (1) 妹が4歩，兄が3歩で進むきょりを12とす
ると，1歩で進むきょりは，妹が $12 ÷ 4 = 3$，
兄が $12 ÷ 3 = 4$
また，妹が3歩，兄が4歩進むのにかかる時
間を12とすると，1歩進むのにかかる時間は，
妹が $12 ÷ 3 = 4$，兄が $12 ÷ 4 = 3$
よって，兄が歩く速さは妹が歩く速さの，
$(4 ÷ 3) ÷ (3 ÷ 4) = \dfrac{16}{9}$（倍）

妹の速さを分速□ mとすると，兄の速さは分速
$□ × \dfrac{16}{9}$ mで，歩いたきょりの合計が1000 mに

なったとき2人は出会うから，
$\left(□ + □ × \dfrac{16}{9}\right) × 20 = 1000$

$□ × \dfrac{25}{9} × 20 = 1000$

$□ = 1000 ÷ 20 ÷ \dfrac{25}{9} = 18$

(2) 妹の歩くきょりは，$18 × 20 = 360$（m）
妹の歩数は，$360 ÷ 0.3 = 1200$（歩）

兄の歩数は，$1200 × \dfrac{4}{3} = 1600$（歩）

求める歩数は，$1200 + 1600 = 2800$（歩）

4 右の図で，
角㋑＝ $180° - (45° + 48°)$
$= 87°$
角㋒＝ $180° - (87° + 60°)$
$= 33°$
角㋓＝ $180° - (33° + 90°) = 57°$
角㋓と角㋐は等しいので，角㋐＝57°

5 (1) 真ん中へぴったり合わせて折るので，左右の
長さは等しくなります。したがって，できる
三角形は二等辺三角形です。
(2) $90° ÷ 2 = 45°$
(3) 右の図より，
Bのまわり
の長さは正
方形の2辺
の長さと等
しいから，
$10 × 2 = 20$（cm）

(4) Aの面積は，正方形からBをのぞいた面積の半分になるから，
$(10\times10-17.4)\div2=41.3(cm^2)$

(5) 前の図より，㋑の辺を底辺とすると高さは10 cmになるから，㋑の長さは，
$41.3\times2\div10=8.26(cm)$

[6] (1) 10日目までに売った個数は，
$50\times10=500$(個)
11日目に売った個数は，
$50+10\div1=60$(個)
12日目に売った個数は，
$50+20\div1=70$(個)
12日目までに売った個数は，
$500+60+70=630$(個)

(2) 10日目までの利益（りえき）は，
$(200-100)\times500=50000$(円)
11日目の利益は，
$\{200\times(1-0.1)-100\}\times60=4800$(円)
12日目の利益は，
$\{200\times(1-0.2)-100\}\times70=4200$(円)
よって，12日目までの利益は，
$50000+4800+4200=59000$(円)

[7] (1) 3点以上の人数は，$15+9+4=28$(人)
3点以上の人数がクラス全体の80％であることから，クラスの人数は，
$28\div0.8=35$(人)

(2) 平均点（へいきんてん）は3.2点だから，得点（とくてん）の総計（そうけい）は，
$3.2\times35=112$(点)
2点以下の点は，それから3点以上の点の合計をひきます。
$112-(3\times15+4\times9+5\times4)=11$(点)
1点と2点の人数の合計は，
$35-28=7$(人)
2点の人数は $11-1\times7=4$(人)だから，
1点の人数は，$7-4=3$(人)

[8] (1) $6L=6000cm^3$
21分後から45分後までにはいった水の体積は，$6000\times(45-21)=144000(cm^3)$
この間に水位は $60-30=30(cm)$ 上がったから，水そうの底面積は，
$144000\div30=4800(cm^2)$

(2) Bの高さはAの $30\div15=2$(倍)だから，Aの体積を□とすると，Bの体積は□×2で，Aの体積とBの体積の和は，□×3
水そうの容積（ようせき）＝水の体積＋(AとBの体積)より，$4800\times60=6000\times45+□\times3$ だから，
$□=(288000-270000)\div3=6000(cm^3)$

(3) 水位が15 cmになるまでにはいった水の体積は，$4800\times15-6000\times2=60000(cm^3)$
よって，ア $=60000\div6000=10$